DELIUS KLASING

Bernd Wiersch

VOLKSWAGEN TYPENKUNDE

1945 bis 1974

Delius Klasing Verlag

In dieser Buchreihe sind erschienen:
Audi Typenkunde (2 Bände)
BMW Typenkunde
Citroën Typenkunde
Ford Typenkunde
Opel Typenkunde (in 2 Bänden)
Porsche Typenkunde
Volvo Typenkunde

Bibliografische Information der Deutschen Nationalbibliothek
Die Deutsche Nationalbibliothek verzeichnet diese Publikation in der Deutschen Nationalbibliografie; detaillierte bibliografische Daten sind im Internet über http://dnb.d-nb.de abrufbar.

1. Auflage
ISBN 978-3-7688-3153-6

Lektorat: Felix Wagner
Einbandgestaltung: Gabriele Engel
Gesamtherstellung: DZA Druckerei zu Altenburg GmbH, Altenburg
Printed in Germany 2010

Delius Klasing Verlag, Siekerwall 21, D - 33602 Bielefeld
Tel.: 0521/559-0, Fax: 0521/559-115
E-Mail: info@delius-klasing.de
www.delius-klasing.de

Inhalt

Vorwort

In den ersten 50 Jahren der Automobilgeschichte bezeichnete man mit dem Begriff »Volkswagen« einen Automobiltyp, der möglichst für jedermann erschwinglich sein sollte, das heißt, dass bei diesem Fahrzeug der Preis die oberste Priorität besaß. Die Technik und der Komfort wurden dieser Vorgabe untergeordnet. Entsprechend waren auch die Ergebnisse. Das, was, von wenigen rühmlichen Ausnahmen wie dem Ford Modell T abgesehen, auf den Markt kam, verdiente die Bezeichnung Automobil eigentlich gar nicht, sondern es waren eher primitive Fahrmaschinen, mit denen man sich in der Regel schneller fortbewegen konnte als mit der bisher gebräuchlichen Kutsche. Komfort, Zuverlässigkeit und damit verbunden Wirtschaftlichkeit waren für diese Vehikel Fremdworte. Daher kann es nicht verwundern, dass diesen Konstruktionen nur ein geringer Erfolg und eine oft extrem kurze Lebensdauer beschert war.

In Deutschland wurde der Begriff »Volkswagen« erst in den 1930er-Jahren zum Programm, und zwar in einem doppelten Sinn. Zum einen forcierte die neue Reichsregierung ab 1933 ein Förderprogramm für die Automobilindustrie, in dem die Massenmotorisierung und der Volkswagen eine zentrale Rolle spielten, zum anderen hatte der damals bereits bei verschiedenen österreichischen und deutschen Herstellern erfolgreiche Automobilkonstrukteur Ferdinand Porsche konkrete Vorstellungen von einem »Volkswagen«, die er mit Unterstützung der deutschen Regierung in die Tat umsetzen wollte. Sie unterschieden sich grundlegend von den bisherigen Konstruktionen, da Porsche neben dem günstigen Verkaufspreis für seinen Volkswagen technisch hohe Standards anstrebte, bei gleichzeitig adäquatem Komfort für die Passagiere. Sein Postulat hieß: Der Volkswagen muss ein vollwertiges Fahrzeug sein, ohne Kompromisse, das mit den üblichen Fahrzeugen der Zeit mithalten konnte.

Mit dieser konstruktiven Vorgabe, die Ferdinand Porsche am 17. Januar 1934 in einem Exposé der Reichsregierung übergab, sollte aus dem einzelnen Fahrzeugtyp in den folgenden Jahrzehnten ein Programm werden, das seine Tragfähigkeit und technische Kompetenz fast unverändert bis in das Jahr 2003 beweisen konnte.

Am Ende der 1930er-Jahre stand der Begriff »Volkswagen« schließlich nicht nur für ein zukunftsweisendes Automobil, sondern auch für ein unternehmerisches Konzept, das jedoch wegen der politischen Entwicklungen erst in der Zeit nach dem Ende des Zweiten Weltkriegs sein Potenzial vollständig unter Beweis stellen konnte. Zunächst sah es aber so aus, als wäre die Geschichte des Volkswagens beendet, bevor sie überhaupt richtig begonnen hatte.

Nach dem Zweiten Weltkrieg wurde der »Volkswagen« von einem Automodell unter vielen zum Synonym für preiswerten, zuverlässigen und wirtschaftlichen Individualverkehr, der weltweit einen hervorragenden Beitrag für deutsches »Know-how« und das hochwertige »Made in Germany« lieferte.

Heute, 75 Jahre nachdem der erste Prototyp des Volkswagens aus eigener Kraft auf der Straße fuhr, und mit weit über 100 Millionen Fahrzeugen dieser Marke, davon allein über 20 Millionen Käfer, ist es daher an der Zeit, einen Überblick über die Typen- bzw. Modellvielfalt an Personenfahrzeugen des Herstellers Volkswagen zu publizieren, in dem die technischen Details und die Innovationsfähigkeit des Unternehmens zusammengefasst werden. Das ursprüngliche Konzept mit dem luftgekühlten Motor und dem Antrieb auf die Hinterräder erwies sich über 40 Jahre gegen eine wachsende Konkurrenz stets als wettbewerbsfähig, bis man schließlich in den 1970er-Jahren erkennen musste, dass seine Zeit abgelaufen war. Bis dahin aber hatte sich Volkswagen zu einer weltweit führenden Automarke entwickelt, und der Käfer war zum ersten echten Weltauto geworden.

Die Typengliederung der luftgekühlten Fahrzeuge, die überwiegend in diesem Band behandelt werden sollen, setzte sich letztendlich aus vier Haupttypen mit diversen Modellen zusammen. Dies waren:

Typ	Modell
Typ 1	Käfer und Sondermodelle
Typ 2	Transporter und Sondermodelle
Typ 3	VW 1500/1600
Typ 4	VW 411/412, Typ 914 und K 70

Der Beschreibung dieser Typen und Modelle soll dieses Buch gewidmet sein. Es soll eine Technik- und keine Unternehmensgeschichte darstellen. Bücher letzterer Gattung gibt es in großer Vielzahl, nicht zuletzt auch vom Autor selbst. Dieses Buch versteht sich als ein Nachschlagewerk für den Automobilfreak, der sich über die Typengeschichte und die Modelle von Volkswagen detailliert informieren möchte. Dabei ist sich der Autor durchaus darüber im Klaren, dass diese Zusammenstellung um viele Details ergänzt werden könnte. Dem standen jedoch Vorgaben entgegen, die aus dem Format und dem Umfang dieser Buchreihe resultierten. Deshalb bittet der Autor auch um Verständnis dafür, dass Sondermodelle, die von unabhängigen Karosseriebauern – zum Teil ohne Einverständnis des Volkswagenwerks – hergestellt wurden, nicht oder nur marginal behandelt werden konnten. Auch hier verweist der Autor auf sein im selben Verlag erschienenes Buch »Die Edel-Käfer«.

Der Wechsel des Volkswagenwerks in der Technologie vom Heck- zum Frontantrieb, von der Luft- zur Wasserkühlung, bildete eine ideale Zäsur, der auch dieses Buch im Wesentlichen folgt. In weiteren, sich in Vorbereitung befindenden Bänden wird auf die neue Modellgeneration eingegangen werden, sodass dem Leser letztlich ein Gesamtüberblick über alle in Deutschland produzierten Volkswagen-Typen und -Modelle in ihren vielfältigen Varianten und Ausstattungen zur Verfügung stehen wird.

Selbstverständlich hätte diese Typenkunde nicht ohne die Unterstützung der Volkswagen AG und der Stiftung AutoMuseum Volkswagen und ihren kompetenten Mitarbeiterinnen Christine Neefe und Susanne Wiersch entstehen können. Bei der Fotorecherche war besonders Theo Decker, als Tuner den Freunden luftgekühlter Volkswagen bestens bekannt, mit seinem Archiv hilfreich. Allen gilt mein besonderer Dank ebenso wie den vielen ungenannten Volkswagen-Fans, die Details beisteuerten.

Bernd Wiersch

Die Brezelfensterära

1945, 1946: Der Beginn der Serienproduktion

Im *Frühjahr 1945* schien nicht nur für den Volkswagen alles vorbei zu sein. Die Lage war weitaus schlimmer. Deutschland hatte den von ihm angezettelten Zweiten Weltkrieg verloren. Die Industrie, die Infrastruktur und die Häuser waren im ganzen Land stark in Mitleidenschaft gezogen. Bei der Bevölkerung war Verzweiflung die vorherrschende Gemütslage. Daher gab es kaum Hoffnung auf eine kurzfristig wieder funktionsfähige Wirtschaft. Man war ausschließlich ums Überleben bemüht.

Deutschland war von den Siegermächten in vier Besatzungszonen aufgeteilt worden. Ob und wie es einen Neubeginn geben konnte, stand in den Sternen. Aufgrund einer schon sehr bald eintretenden politischen Konfrontation zwischen den westlichen Siegermächten und der Sowjetunion entwickelten sich zwei politische Systeme mit unterschiedlichen Auswirkungen auf die Wirtschaft. In Westdeutschland waren die Voraussetzungen vergleichsweise günstig, und das Volkswagenwerk hatte das Glück, in diesem Bereich zu liegen, wenn auch am Rand zur sowjetisch besetzten Zone. Dieser Glücksumstand wurde noch dadurch verstärkt, dass die britische Besatzungsmacht, die *1945* den in Trümmern liegenden Torso einer Automobilfabrik übernahm, ein besonderes Verantwortungsbewusstsein für das Werk und die dort immer noch über 4000 beschäftigten Menschen zeigte. Der Region ging es zwar wie überall in Deutschland nicht gut, aber immerhin gab es für viele Menschen in diesem Raum Arbeit und Brot, wenn auch voraussichtlich nur bis zum Zeitpunkt der von den Alliierten beschlossenen Demontage. Bereits im *Juni 1945* ging es deshalb wieder aufwärts. Man räumte die Trümmer auf dem Gelände und in den Hallen beiseite und versuchte, eine Automobilproduktion in den stark zerstörten Hallen aus den Teilen in Gang zu bringen, die man noch als »Nachlass« vorfand.

Zunächst waren es konsequenterweise noch Militärfahrzeuge, die man herstellen konnte, denn eine zivile Produktion hatte es in dem Werk, das jetzt in der neu benannten Stadt Wolfsburg lag, im eigentlichen Sinn nicht gegeben. Bis Kriegsende waren über 52000 Kübelwagen und mehr als 14000 Schwimmwagen hergestellt worden. Von einer Produktion der Volkswagen-Limousine konnte dagegen keine Rede sein. Von den Militärmodellen wollte man – und das traf sowohl auf die Briten als auch die Deutschen zu – aber möglichst schnell wegkommen und zur Produktion von zivilen Volkswagen-Limousinen überge-

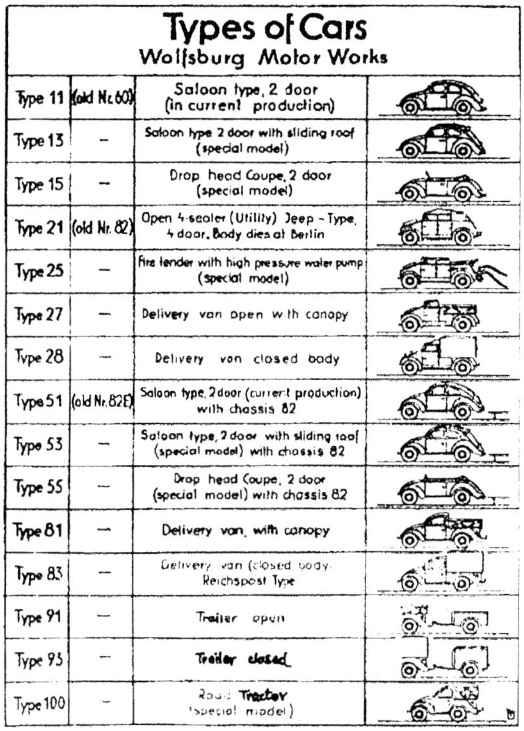

Types of Cars
Wolfsburg Motor Works

Type 11	(old Nr. 60)	Saloon type, 2 door (in current production)	
Type 13	–	Saloon type 2 door with sliding roof (special model)	
Type 15	–	Drop head Coupe, 2 door (special model)	
Type 21	(old Nr. 82)	Open 4-seater (Utility) Jeep-Type, 4 door. Body dies at Berlin	
Type 25	–	Fire tender with high pressure water pump (special model)	
Type 27	–	Delivery van open with canopy	
Type 28	–	Delivery van closed body	
Type 51	(old Nr. 82E)	Saloon type, 2 door (current production) with chassis 82	
Type 53	–	Saloon type, 2 door with sliding roof (special model) with chassis 82	
Type 55	–	Drop head Coupe, 2 door (special model) with chassis 82	
Type 81	–	Delivery van, with canopy	
Type 83	–	Delivery van (closed body) Reichspost Type	
Type 91	–	Trailer open	
Type 93	–	Trailer closed	
Type 100	–	Road Tractor (special model)	

Durch die britische Leitung des Volkswagenwerks vorgenommene Aufstellung der gegebenenfalls weiterzubauenden Volkswagentypen. Von der ursprünglichen Vielfalt waren nur noch drei Typen übrig geblieben: die Limousine, der Kübelwagen und die Limousine mit dem Fahrgestell des Kübelwagens.

Britische Truppen übernahmen 1945 einige Volkswagen-Limousinen mit dem erhöhten Fahrgestell des ehemaligen Kübelwagens Typ 82. Die Fahrzeuge waren Reparationslieferungen.

hen, von denen man bis zum Kriegsende lediglich 630 Exemplare hatte bauen können.
Wichtig neben der Ablösung der Militärfahrzeuge als solcher war den Briten aber auch die Ablösung der Typenbezeichnungen aus der Kriegszeit, um den Wagen von seiner politischen Vorgeschichte zu entlasten. Um den Bruch in der Unternehmensgeschichte und der Typenpolitik auch nach außen hin sichtbar zu vollziehen, wurden von der britischen Leitung des Unternehmens unmittelbar nach der Übernahme des Werks am *1. August 1945* neue Typenbezeichnungen für die alten Modelle eingeführt, die in keinerlei Zusammenhang mit den bisherigen Modellbezeichnungen, die für die Entwicklungsnummern des Konstruktionsbüros Porsche standen, entsprachen. Sie lauteten jetzt:

Typ	Modell
Typ 1	**Limousine mit normalem Fahrgestell**
Typ 10	Fahrgestell
Typ 11	Limousine (Porsche-Entwicklungsnummer Typ 60 K 7)
Typ 12	Limousine (viertürig)
Typ 13	Limousine mit Faltschiebedach (Porsche Entwicklungsnummer Typ 60 K 8)
Typ 14	Limousine viertürig mit Faltschiebedach
Typ 15	Cabriolet (zweitürig)
Typ 2	**Kübelwagen**
Typ 20	Fahrgestell

Typ	Modell
Typ 21	Kübelwagen (Porsche Entwicklungsnummer Typ 82)
Typ 22	Funkwagen (Porsche Entwicklungsnummer Typ 82 Typ 2)
Typ 23	Nachrichtenwagen (Porsche Entwicklungsnummer Typ 82 Typ 2)
Typ 24	Gerätewagen
Typ 25	Feuerwehr-Hilfsfahrzeug
Typ 26	Kübelwagen mit Anwerfgetriebe
Typ 27	Kübelwagen mit Pritschenaufbau
Typ 28	Kübelwagen mit Kastenaufbau
Typ 3	**Kübelwagen mit Allradantrieb**
Typ 30	Fahrgestell
Typ 31	normaler Kübelwagen (Porsche Entwicklungsnummer Typ 87)
Typ 32	Funkwagen
Typ 33	Nachrichtenwagen
Typ 34	Gerätewagen
Typ 35	Feuerwehr-Hilfsfahrzeug
Typ 36	Kübelwagen mit Anwerfgetriebe
Typ 37	Kübelwagen mit Pritschenaufbau
Typ 4	**großer Schwimmwagen (ehemals Typ 128)** (nur Prototypen)
Typ 5	**Limousine mit Kübelwagenfahrgestell**
Typ 50	Fahrgestell
Typ 51	Limousine (Porsche Entwicklungsnummer Typ 82 E)
Typ 52	viertürige Limousine
Typ 53	Typ 51 mit Faltschiebedach
Typ 54	viertüriger Typ 51 mit Faltschiebedach
Typ 55	Cabriolet
Typ 56	einsitzig mit großer Ladefläche
Typ 6	**Stationärmotor**
Typ 7	**Kleiner Schwimmwagen (ehemals Typ 166)**
Typ 8	**Nutzfahrzeuge mit Limousinen-Vorderwagen**
Typ 81	zweitüriger Pritschenwagen mit hohem Fahrgestell

Typ	Modell
Typ 83	Kastenwagen (Reichspost, Rotes Kreuz)
Typ 84	Typ 83 mit Gepäckgitter über alles
Typ 85	Typ 83 mit vorderem Gepäckgitter
Typ 86	Typ 83 als Krankenwagen
Typ 88	Feuerwehrwagen mit Pumpe
Typ 9	**Anhänger**
Typ 91	Anhänger offen
Typ 92	Kastenanhänger ältere Ausführung
Typ 93	Kastenanhänger neuere Ausführung
Typ 10	**Limousinen-Vorderwagen mit verkürztem Fahrgestell**
Typ 100	Straßenzugmaschine
Typ 101	zweitüriger offener Pritschenwagen

Damit gab es, zumindest auf dem Papier, zunächst noch alle Fahrzeugtypen, die bei Porsche entwickelt worden waren. Diese Typologie wäre jedoch, aufgrund der wirtschaftlichen Situation, von Produktionsvoraussetzungen ausgegangen, die absolut unrealistisch waren. Außerdem hatte man nicht vor, weiterhin Militärversionen des Volkswagens zu bauen, obwohl diese bei Vergleichsfahrten mit den von den Alliierten genutzten Fahrzeugen durchaus ihre technischen Qualitäten bei entsprechenden Vergleichsfahrten unter Beweis stellen konnten. Bei einer realistischen Überprüfung des Typenprogramms blieben am *14. Oktober 1946* nur noch die folgenden, wenigen Typen übrig:

Typ 1	**Limousine mit normalem Fahrgestell**
Typ 10	Fahrgestell
Typ 11	Limousine Normalausführung Export I: je nach Land in besserer Ausstattung aufgewertetes Modell für das Inland; Export II: speziell für Belgien
Typ 14	zweisitziges Cabrio von Hebmüller
Typ 15	viersitziges Cabrio von Karmann, Linkslenker
Typ 17	Krankenwagen
Typ 18	Polizeicabrio von Hebmüller, Papler, Karmann

Auch dieses Typenprogramm war noch sehr ehrgeizig. An Neuentwicklungen konnte man zu diesem Zeitpunkt noch nicht denken, man war froh, wenn man überhaupt produzieren und das Vorkriegsmodell der Volkswagen-Limousine leicht verbessern konnte. Das musste erst einmal ausreichen. Bis *1948* waren deshalb auch die technischen Daten der Vorserie und der 630 zivilen Fahrzeuge während des Krieges mit der ersten Nachkriegsserie weitestgehend identisch.

Technische Basis all dieser Fahrzeuge war das vom Konstruktionsbüro Porsche entwickelte Fahrgestell mit seinem Plattformrahmen und dem zentralen Mittelrohr. Diese Chassiskonstruktion war geradezu ideal, denn sie ermöglichte es nach dem Willen Porsches nicht nur dem Volkswagenwerk selbst, sondern auch anderen Karosseriebauern, auf diese Plattform eine Vielzahl von Karosserien für fast jeden Verwendungszweck zu setzen.

Das gesamte Antriebsaggregat – Motor, Getriebe und Ausgleichsgetriebe – war als ein Block im Heck zusammengefasst, wobei der Motor hinter dem Getriebe lag und die hinteren Antriebsräder unter fast allen Fahrzuständen sehr günstig belastete. Andererseits machte diese Konfiguration das Auto aber auch stark anfällig für Seitenwind. Vor- und Nachteile dieser Antriebskonzeption lagen damit eng beieinander. Der Antrieb erfolgte über zwei Eingelenk-Pendelachsen, die an Längslenkern geführt und über einen quer liegenden Federstab abgefedert wurden. Das war ein wirkungsvolles, komfortables und gleichzeitig platzsparendes Konzept, das sich Porsche *1931* hatte patentieren lassen.

Die Vorderradaufhängung war als Einzelradaufhängung konstruiert. In zwei übereinander liegenden Querrohren waren Federstabbündel untergebracht, an deren Enden jeweils Traghebel saßen, die die Radführung übernahmen. Diese Konstruktion war der Garant für eine genaue Radführung und eine gute Straßenlage.

Die Ganzstahlkarosserie – ein Novum für einen Kleinwagen zur damaligen Zeit – war, gemeinsam mit dem Fahrgestell, extrem verwindungssteif und garantierte deshalb ein langes Fahrzeugleben. In ihrem Innenraum bot sie Platz für vier bis fünf Personen und Ge-

CCG-Wagen (Control Commission for Germany): erhöhtes Fahrgestell, kein Chrom, konkave Stoßfängerhörnchen, Hupe frei auf dem Stoßfängerträger, kein Außenspiegel, olivgrüne Lackierung.

VW Typ 11	
Motor	**ab März 1943**
Bauart	4-Zylinder-Boxermotor Zweiteiliges Kurbelgehäuse aus Magnesium-Legierung
Kühlung	Luft, Gebläse
Hubraum (cm^3)	1131 (bis 1943: 985 cm^3)
Bohrung (mm)	75 (70)
Hub (mm)	64
Leistung (PS)	25 (18 kW) (23,5/17 kW)
Drehmoment (Nm)	66,7 bei 2000 U/min
Kompression	1:5,8
Drehzahl (1/min)	3300
Anordnung der Ventile	hängend, Stoßstangen und Kipphebel, zentrale Nockenwelle, Antrieb durch Stirnräder
Kurbelwellenlager	4 Alu-Grundlager
Vergaser	Solex-Fallstrom 26 VFJ
Kraftstoffanlage	mechanische Pumpe
Zündfolge	1-4-3-2
Zusatzaggregate und Technik	
Anlasser	Bosch EED 0,4/6
Lichtmaschine	Bosch REDK 130/6/2600
Kupplung	F & S K 10
Getriebe	VWW/Dr. Porsche Schub
Anzahl der Gänge	unsynchron 4 V, 1 R
Antrieb	Hinterrad
Vorderachse	Einzelrad
Vorderradaufhängung	Kurbellenker oben und unten, 2 Federstäbe quer
Hinterradaufhängung	Eingelenk-Pendelachse, Längslenker, Federstäbe quer
Federung	vorn/hinten Drehstäbe
Lenkung	Spindel, Bauart Porsche
Schmierung des Fahrgestells	Hochdruck, 6 Schmierstellen
Bremsen	Dr. Porsche KG
System	mechanisch
Art	Innenbacken
Fußbremse-Wirkungsweise	4 Räder-Seilzug
Handbremse-Wirkungsweise	4 Räder-Seilzug
Felgenart	Scheiben

VW Typ 11	
Abmessungen und Gewichte	
Reifengröße	5,25–16
Spur vorn/hinten (mm)	1290/1250
Radstand (mm)	2400
Bodenfreiheit (mm)	220/200
Länge (mm)	4200
Breite (mm)	1550
Höhe (mm)	1500
Wendekreis (m)	11,50
Höchstgeschwindigkeit (km/h)	105
Verbrauch (l/100 km)	7,4
Ölverbrauch (l/100 km)	0,1
Gesamtgewicht (kg)	650
Tankinhalt (l)	40 (bis 1943: 25 l)
Nutzlast (kg)	350
Anzahl der Sitze	4–5

päck. Komfort wurde bei der Konstruktion entgegen der sonstigen Praxis bei Kleinwagen großgeschrieben. Porsche wollte ein vollwertiges Auto entwickeln, das sich unter allen Verkehrsverhältnissen bewähren konnte. Die Gürtellinie war relativ niedrig, sodass sie Fahrer und Mitfahrern eine ausreichende Sicht ermöglichte. Lediglich das kleine ovale Heckfenster mit dem Mittelsteg – er war bei den damaligen Blechen aus technischen Gründen unverzichtbar – ließ den Blick nach hinten nur eingeschränkt zu. Das war bei der damaligen Verkehrsdichte jedoch nicht unbedingt ein gravierendes Manko. *1938,* im letzten vollen Friedensjahr, produzierten in Deutschland 19 Hersteller etwas mehr als 216 000 Pkw. Damals waren die Straßen noch relativ frei und übersichtlich.

Das Armaturenbrett war einfach gestaltet, die wichtigen Instrumente waren aber vorhanden. Es bestand komplett aus Blech und war gleichzeitig ein versteifendes Element der Karosserie. In einem Zentralinstrument im direkten Blickfeld des Fahrers befanden sich ein großer Rundtachometer mit Kilometerzähler sowie Kontrollleuchten für die Batterieladung, den Öldruck, den Fahrtrichtungsanzeiger und das Fernlicht sowie die Schalter für das Licht und den Scheibenwischer. Der Schalter für den Fahrtrichtungsanzeiger – das waren bis zum *1. August 1960* Winker in der B-Säule – saß in der Mitte der Armaturentafel oben, der Anlasserknopf, der vom Zündschloss noch getrennt war, in gleicher Position, aber unten. Das Zündschloss befand sich in der Mitte des Zentralinstruments unterhalb des Tachos. Das Fernlicht wurde durch einen Fußschalter im Fahrzeugboden links vom Kupplungspedal betätigt.

Der Volkswagen hatte als einer der ersten Kleinwagen – wenn er nicht der erste Kleinwagen überhaupt war – eine serienmäßige Fahrzeugheizung, um die die Fahrer selbst größerer Pkw die Besitzer der Volkswagen oft beneideten. Sie vermittelte den Passagieren auch bei kälteren Außentemperaturen ein angenehmes Gefühl im Innenraum des Fahrzeugs. Dass diese Heizung in späterer Zeit wegen ihrer Leistung nicht immer ungeteilten Beifall fand, stand auf einem anderen Blatt. Da waren schließlich die Ansprüche gestiegen.

Das Getriebe mit vier Vorwärts- und einem Rückwärtsgang war unsynchronisiert und wurde durch einen Schalthebel, der vor den Vordersitzen auf dem zentralen Rahmentunnel saß, über ein Gestänge geschaltet. Der erste und zweite Gang lagen links, der dritte und vierte rechts von der Leerlaufebene. Das Einlegen des

Rückwärtsgangs erforderte das Herunterdrücken des Schalthebels auf der Ebene des ersten und zweiten Gangs, und er lag dann unterhalb des zweiten Gangs hinten.
Die frühen Volkswagen erforderten noch einen hohen Aufwand an Wartungs- und Pflegearbeiten. Werksseitig vorgeschrieben waren:

Öl und Fett:

Alle 2500 km:	Motoröl wechseln; Schmiernippel an der Vorderachse und Achsschenkelbolzen schmieren; Fußhebelwerk, Schalthebel und Handbremshebel-Lager ölen.
Alle 5000 km:	Vergasergelenke und -züge ölen; mit einigen Tropfen Öl schmieren; Scharniere der Wagendeckel und -türen, Schlösser, Verschlusskeile und Verschlussnasen der Türen, Fußabblendschalter, Winker, Scheibenwischer, Lenksäulenlager am Lenkrad. Hinteres Stoßdämpferöl ergänzen.
Alle 10 000 km:	Getriebefüllung ergänzen; Ölfüllung im Lenkgehäuse ergänzen; Vorderradlager fetten.
Alle 20 000 km:	Getriebeöl wechseln.
Alle 50 000 km:	Dauerschmierung der Lichtmaschine und Anlasser erneuern.

Prüfung und Wartung:

Alle 2500 km:	Reifendruck und Keilriemenspannung prüfen. Säurezustand, Ladezustand und Anschlüsse des Sammlers (Batterie) prüfen bzw. richtig einstellen.
Alle 5000 km:	Räder umwechseln; Verteilerschmierung prüfen. Motorleerlauf prüfen bzw. nachstellen; Spiel der Lenkung und Spurstangen sowie Sturz der Vorspur der Vorderräder prüfen; Bundbolzen nachstellen; hintere Stoßdämpfer prüfen.
Alle 7500 km:	Elektrodenabstand prüfen; Ventilspiel prüfen bzw. einstellen; Verdichtungsdruck prüfen; Unterbrecherkontakte einstellen; Bremsen nachstellen.
Alle 10 000 km:	Getriebefüllung prüfen; Vorderradlagerspiel einstellen; Schrauben und Muttern an Saug- und Auspuffleitungen nachziehen sowie an Aufbau, Vorder- und Hinterachse, Motorbefestigung; Stromkabel und Anschlüsse prüfen.
Alle 25 000 km:	Bürsten an Lichtmaschine und Anlasser prüfen bzw. erneuern; Ladestromabgabe der Lichtmaschine prüfen.

Reinigung:

Alle 2500 km:	Luftfilter reinigen; Kraftstofffilter reinigen. Fahrgestell mit Rostschutzöl reinigen; Entlüftersieb und Schwimmergehäuse reinigen.
Alle 7500 km:	Zündkerzen und Unterbrecherkontakte reinigen.
Alle 10 000 km:	Vorderachslager reinigen.
Alle 15 000 km:	Bremstrommeln abziehen; Bremsmechanismus entrosten, reinigen und fetten.
Alle 20 000 km:	Ölsieb reinigen.
Alle 25 000 km:	Kollektor, Lichtmaschine und Anlasser reinigen.

Nach und nach entfielen die meisten dieser Positionen in der Geschichte von Volkswagen, bzw. die Intervalle wurden aufgrund der verbesserten Materialien wesentlich verlängert. Wie hieß es so schön in den Betriebsanleitungen: Verbesserungen, die dem technischen Fortschritt dienen, vorbehalten.
Bis zum Ende des Jahres *1945* wurden insgesamt 57 Volkswagen des *Typs 11* gebaut, dazu kamen noch 1728 Wagen, deren Basis die im Krieg hergestellten Kübel- und Kommandeurwagen waren. Alle diese Fahrzeuge standen, obwohl es einen Verkaufspreis von RM 4150 gab, nicht für den Verkauf an deutsche Privatpersonen zur Verfügung, sondern mussten als Reparationsleistungen für den verlorenen Krieg an die Besatzungsmächte abgegeben werden. Die offizielle Bezeichnung für die Fahrzeuge lautete deshalb CCG-Wagen (Control Commission for Germany). Nur

Die fertigen Limousinen standen in Reih und Glied auf dem Abstellplatz und warteten auf ihre Abholung. Sie hatten aber alle noch kein Reserverad, denn Reifen waren Mangelware, und man benötigte jedes Rad, um die Wagen vom Band rollen zu lassen.

einige wenige Exemplare gingen an deutsche Institutionen, die die Aufgabe hatten, Grundfunktionen wie Post, Sanitätswesen u. Ä. aufrechtzuerhalten.

Hatte man bereits während des Krieges mit Materialproblemen zu kämpfen, so wurden die Verhältnisse unmittelbar nach Kriegsende nicht besser. Es gab kaum Karosseriebleche, und auch die technischen Aggregate wie Anlasser, Lichtmaschine oder Reifen standen oft nicht zur Verfügung, weil auch die entsprechenden Werke der Zulieferindustrie während des Krieges zerstört worden waren.

Was die ersten Nachkriegswagen äußerlich optisch von ihren Vorgängern unterschied und sofort ins Auge fiel, waren die veränderten VW-Zeichen ohne den Zahnradkranz, das Symbol der Deutschen Arbeitsfront, auf den Radkappen, auf dem Schalttafeleinsatz und am Tachometer. Auf dem Schalthebelknopf wurde jedoch noch bis *1948* das alte Zeichen verwendet, um Kosten zu sparen. Die Ausstattung blieb spartanisch. Aus Materialgründen entfiel teilweise sogar zeitweise der rechte Scheibenwischer, und statt der Serienscheinwerfer wurden häufig die chromlosen Pendants aus dem Kübelwagen verbaut. Allerdings gab es *Ende 1945* die Innenleuchte wieder, die während des Krieges wegen der Materialengpässe entfallen war. Gegen Aufpreis konnte man sogar verchromte Stoßfänger, Radkappen, Lampenringe, Tür- und Deckelgriffe sowie Hupengehäuse bekommen. Diese Fahrzeuge waren aber ausschließlich für den Export vorgesehen. Die Knebelschalter an der Armaturentafel waren jetzt klein und schwarz, die Kennzeichen- und Bremsleuchte war bis *Ende 1946* knopfförmig, danach kam die typische Brezelnase.

Der Preis für die Limousine wurde im *April 1946* auf RM 5000 angehoben und galt bis zum Juni desselben Jahres. Zu diesem Zeitpunkt wurde er wieder auf RM 4000 gesenkt, um schließlich am *6. Dezember 1946* auf RM 4250 festgelegt zu werden.

Nach wie vor waren die CCG-Fahrzeuge – jetzt aber Typ 11 mit dem zivilen Fahrgestell – keine Schmuckstücke. Ihnen fehlte immer noch jeglicher Zierrat. Aber zumindest erreichte man im März 1946 erstmals die von den Briten geforderte Monatsproduktion von 1000 Fahrzeugen.

So schön konnte der Volkswagen bereits 1946 aussehen, wenn man ihn denn – vor allem im Ausland – mit verchromten Teilen geliefert bekam.

Der Krankenwagen von Miesen, Bonn

Ein wichtiges Fahrzeug im Modellprogramm war, weil man es dringend brauchte, der in der Typologie erwähnte *Typ 17*, der Krankenwagen der Firma Miesen in Bonn. Bereits während des Krieges hatte Miesen, die 1870 als Karosseriebaufirma gegründet worden war, auf der Basis des *Typs 82 E (später Typ 51)* – eines Käfers mit dem höheren Fahrgestell des Kübelwagens – Krankenwagen gebaut. Das waren die Vorläufer des später gebauten und in der Historie bekannten *Typ 17*.

Unmittelbar nach dem Kriegsende erhielt die Firma Miesen einen Auftrag der Alliierten, dieses zweckmäßige Fahrzeug weiter zu bauen. Die Technik und die Karosserien bekam man weiterhin vom Volkswagenwerk, zunächst noch auf der Basis des *Typ 51*. Aber nicht nur die Alliierten konnten dieses Sanitätsfahrzeug gut gebrauchen, sondern auch die entsprechenden amtlichen und freiwilligen deutschen Organisationen hatten einen großen Bedarf.

Als der *Typ 51 1946* nicht mehr zur Verfügung stand, wurde als Basis für den Sanitätswagen der *Typ 11* genommen, der in diesem Jahr schon in größeren Stückzahlen hergestellt wurde. An ihm wurden einige Veränderungen vorgenommen, um ihn für seine speziellen Aufgaben zu präparieren.

Dazu gehörten speziell konstruierte Sitze auf der Beifahrerseite und hinten, die im Notfall zu einer ebenen Ladefläche umfunktioniert werden konnten und so als Auflagefläche für die aus einer Plattform, einer Schwenkdrehbühne mit Steuerkurven und einer Tragbahre bestehenden Liegeeinrichtung dienten. Die Sitze waren, im Gegensatz zur Serienlimousine, aus praktischen Gründen überwiegend mit Kunstleder bezogen. Der Schalthebel musste leicht nach links gekröpft werden, weil er sonst im Wege gewesen wäre. Die übrigen Bedienelemente blieben unverändert.

Für den Kranken gab es an der Decke einen Haltegriff, und eine mit Kunstleder bezogene Polsterplatte an der Rückwand diente als Kopfschutz. Am Armaturenbrett waren Fußschutzleisten angebracht. Gegen ungewollte Einblicke schützten an den hinteren Seitenfenstern Gardinen.

Auf dem Dach befestigte man eine hölzerne Galerie mit einer aufrollbaren Segeltuchplane und abklappbaren Seitenwänden, in der die gesamte sonstige Sonderausstattung untergebracht wurde, die aus einer Plattform, einer Schwenk-Drehbühne, einer Trage, einigen Decken und einem Erste-Hilfe-Koffer bestand. Außerdem wurde die Beifahrertür umgebaut. Sie erhielt längere Scharniere mit einer Haltesicherung, die durch einen Öffnungswinkel von fast 180 Grad ein komfortableres Beladen des Fahrzeugs mit liegend zu transportierenden Patienten ermöglichte. Um das sicherzustellen, musste der vordere rechte Kotflügel im unteren Bereich leicht eingedrückt werden.

Das Einladen des Patienten war, nach einiger Übung, recht einfach. Miesen hatte dazu eine ausgeklügelte Dreh- und Kippmechanik gebaut, die den Sanitätern hilfreich war.

Allein in die britische Besatzungszone wurden über 150 meist grau lackierte Sanitätsfahrzeuge dieses Typs geliefert. Der Verkaufspreis für das Fahrzeug war *1949* mit DM 6210 extrem günstig. Vergleichbare Fahrzeuge anderer Hersteller waren oft doppelt so teuer. Dazu musste allerdings ein kompletter Käfer vom jeweiligen Kunden angeliefert werden. Der Umbau bei Miesen, der in handwerklicher Arbeit vorgenommen wurde, dauerte, je nach Auftragslage, vier bis sechs Wochen.

Obwohl es bereits *1951* den neuen *Typ 2*, also den Volkswagen-Transporter, als Ambulanzwagen vom Volkswagenwerk gab, wurde der *Typ 17* von Miesen *bis zum Beginn der 1960er-Jahre* weitergebaut. Die gesamte Stückzahl dieses ersten Sondermodells des Volkswagenwerks in der Nachkriegszeit lag bis zur Produktionseinstellung bei etwa 500 Exemplaren.

Der Typ 17, der Krankenwagen von Miesen aus Bonn, war genau das Fahrzeug, das das Sanitätswesen dringend benötigte. Der Dachaufbau enthielt die medizinischen Geräte und eine zusammenklappbare Trage.

1947, 1948: Kaum technische Innovationen, aber die Produktion boomt

Diese beiden Jahre dienten – trotz aller Unsicherheiten, wie es mit dem Volkswagenwerk selbst weitergehen würde – der technischen Verfeinerung des Wagens, ohne jedoch irgendwelche »revolutionäre« Entwicklungsschritte zu markieren. Dazu hatte man weder das Geld noch die Zeit, noch die Mitarbeiter, die man, wenn es sein musste, sinnvoller zur Ausbesserung der zerstörten Hallen, zum Aufräumen und ab Ende *1947* zumindest in der technischen Entwicklung, zum Teil für Vorbereitungsarbeiten für den geplanten Volkswagen Transporter einsetzte.

Die sichtbaren Veränderungen am Fahrzeug im Jahre *1947* ließen sich an den Fingern einer Hand abzählen: Die bisher runde Wagenheberaufnahme unterhalb des Trittbretts wurde viereckig, die Radkappen wurden wieder stärker schüsselförmig und bekamen ein großes, farblich ausgelegtes VW-Zeichen und die Schlussleuchten einen verchromten Rand.

Mit Jahresbeginn *1948* wurde mit der Verpflichtung des neuen Generaldirektors Heinrich Nordhoff ein weiterer Schritt zur Normalisierung des Volkswagenwerks getan. Ihm gelang es durch sein Engagement, immer mehr Funktionen auf die deutsche Geschäftsführung zu übertragen, die Belegschaft zu motivieren und die Produktion kontinuierlich zu steigern. Hatte man *1947* noch insgesamt 8987 Volkswagen-Limousinen gebaut, so waren es in diesem Jahr bereits 10 020, eine Stückzahl, die umso höher zu bewerten ist, als die Produktionsbedingungen immer noch katastrophal waren und das Produktionsmaterial ständig knapp war. Immer noch ging die Mehrzahl der ausgelieferten Fahrzeuge an die Alliierten, denn die Bezugsscheinpflicht für Automobile in Deutschland endete erst im *September 1948*. Trotz dieser widrigen Bedingungen schlossen sich immer mehr Händler, die in der Vergangenheit oft andere Marken verkauft hatten, die es jetzt nicht mehr oder noch nicht wieder gab, an das Volkswagenwerk an, in der Hoffnung, in Zukunft den Wagen auf einem freien deutschen Markt verkaufen zu können.

Für den damals langsam einsetzenden Export wurden, noch vor Produktionsbeginn des offiziellen Export-Modells 11 C, die Fahrzeuge für diese Märkte optisch aufgewertet. Bei den Modellen 11 A und 11 B waren die Stoßfänger, Radkappen – hier noch die alte Form –, Tür- und Haubengriffe sowie die Scheinwerferringe verchromt. Selbst das Hupen-Schallgitter war jetzt glänzend.

Die ersten fünf offiziell exportierten Volkswagen gingen nach Holland. Hier posierte der langjährige Importeur für Volkswagen in unserem Nachbarland, Ben Pon (Dritter von links), mit der damaligen deutschen Geschäftsführung des Werkes im Jahre 1947 neben den Fahrzeugen vom Typ 11 A.

Um wichtige Devisen zu erwirtschaften, die es dem Volkswagenwerk möglich machten, international einzukaufen, setzte man schon sehr frühzeitig mit der Unterstützung der Briten auf einen Export von Volkswagen. Um den Wagen international bekannt zu machen, stellte ihn das Volkswagenwerk bereits *1947* auf der ersten Export-Messe in Hannover – dem Vorläufer der heutigen Industriemesse – aus. Dazu wurde der Wagen für diese Märkte optisch aufgewertet, wie das schon *1946* bei einigen Fahrzeugen der Fall gewesen war. *1947* wurde bereits mit den holländischen Brüdern Ben und Wijnand Pon ein Importeursvertrag für die Niederlande abgeschlossen, *1948* folgten Dänemark, Luxemburg, Schweden, die Schweiz und Belgien. Insgesamt wurden in diesem Jahr 4464 Volkswagen exportiert. Damit hatte der Export einen Anteil von 23 Prozent an der Produktion und brachte 21 Millionen DM an Devisen ein.

Die sichtbaren Veränderungen am Fahrzeug beschränkten sich auf einen großen Hupenknopf und auf einen ovalen Heizungsknopf. So bescheidene Fortschritte ließen auf Größeres im Jahre *1949* hoffen.

Damit hatte man ein Typenprogramm, das nicht nur in wesentlichen Details dem der Vorkriegszeit entsprach, sondern darüber hinaus auch die Produktionskapazitäten in dem immer noch schwer von den Auswirkungen des Krieges gezeichneten Werk bis zur Grenze auslastete. Der letzte Reichsmark-Preis für die Volkswagen-Limousine betrug am *1. Juni 1948* RM 5623,50, um nach der Währungsreform am *20. Juni* auf DM 4970 umgestellt zu werden.

Allerdings hatte das Werk im *Oktober 1948* den Importeuren und Großhändlern aufgewertete Limousinen präsentiert, wobei fünf verschiedene Ausstattungen zur Diskussion gestellt wurden, die im Einzelnen die folgenden Umfänge hatten:

Export-Fahrzeug 1 (Braun)
A Innenausstattung
Armaturenbrett vollständig, mit 2 hellen Knöpfen Radio mit Antenne Leselampe Zigarrenanzünder Chromrahmen Abdeckung der Instrumente (Pappe) Leselampe Sonnenblende
Rückblickspiegel
Boschhorn
Lenkrad mit 3 Speichen, hell
Polsterung der Innenblende
Sitze vorn und hinten aufgepolstert
Türverkleidung links mit Tasche
Türverkleidung rechts mit Armlehne
Rosette und Knöpfe
Seitenverkleidung links und rechts
lose Rollen für Hintersitz
Kofferschutz an Hintersitzlehne
Dachbezug
Vorderwandverkleidung
Teppiche
Gummimatten
B Außenausstattung
Sonderlackierung
Absetzen durch 2 Linien
Antivibrinspritzen
Radkappen verchromt
Trittbrettleisten
neue Stoßstangen verchromt

Export-Fahrzeug 2 (Grün)
A Innenausstattung
Armaturenbrett vollständig, mit linkem Einsatz, hell rechtem Einsatz, hell Uhr 100 mm Durchmesser Zigarrenanzünder Kuckucksaschenbecher Chromrahmen Abdeckung der Instrumente
Sonnenblende
Rückblickspiegel
Lenkrad mit 3 Speichen, hell
Sitze vorn und hinten aufgepolstert
Türverkleidung links ohne Tasche
Türverkleidung rechts mit Armlehne
Rosette und Knöpfe
Seitenverkleidung links und rechts für steckbare Armlehne
einsteckbare Armlehnen
Dachbezug
Vorderwandverkleidung mit Tasche
Teppiche
B Außenausstattung
Sonderlackierung einschließlich innen
Antivibrinspritzen
Zierleisten verchromt
Radkappen verchromt
Trittbrettleisten
neue Stoßstangen verchromt
VW-Zeichen verchromt (Vorderdeckel)

Export-Fahrzeug 3 (Rot)

A Innenausstattung

Armaturenbrett vollständig, mit
- linkem Einsatz, helle Knöpfe
- rechtem Einsatz
- Leselampe
- Zigarrenanzünder
- Kaffeemühlenaschenbecher
- Chromrahmen
- Abdeckung der Instrumente

Sonnenblende

Rückblickspiegel

Lenkrad mit 2 Speichen, hell

Innenverschluss für Vorderdeckel

Bowdenzug für 3-Wege-Hahn

Polsterung der Rückwand

Sitze vorn und hinten aufgepolstert

Türverkleidung links mit Tasche

Türverkleidung rechts (ohne Armlehne)

Rosetten und Knöpfe

Seitenverkleidung links und rechts

lose Rollen für Hintersitze

Dachbezug (schwach)

Vorderwandverkleidung

Teppiche

Gummimatten

Handschlaufen

Schiebesitzanordnung für Vordersitze

Scheibenwischer mit Ruhestellung

B Außenausstattung

Sonderlackierung einschließlich innen

Antivibrinspritzen

Zierdeckel verchromt am rechten und linken Kotflügel für Horn

Radkappen verchromt

Zierleisten verchromt

VW-Zeichen verchromt auf Vorderdeckel

Trittbrettleisten

Export-Fahrzeug 4 (Blau)

A Innenausstattung

Armaturenbrett vollständig, mit
- linkem Einsatz, helle Knöpfe
- rechtem Einsatz
- Leselampe
- Zigarrenanzünder
- Uhr 100 mm Durchmesser
- Chromrahmen
- Abdeckung der Instrumente

Sonnenblende

Rückblickspiegel

Lenkrad mit 3 Speichen, hell

Boschhorn

Scheibenwischer mit Ruhestellung

Vorder- und Hintersitze aufgepolstert

hintere Rücklehne abgekröpft

Türverkleidung links ohne Tasche

Türverkleidung rechts mit Armlehne

Rosetten und Knöpfe

Seitenverkleidung links und rechts für verschraubte Armlehne

Armlehne mit Aschenbecher

Vorderwandverkleidung mit Tasche

Teppiche

Gummimatten

Dachbezug

Schiebesitzanordnung für Vordersitze

B Außenausstattung

Sonderlackierung einschließlich innen

Antivibrinspritzen

Zierleisten verchromt

VW-Zeichen verchromt

Trittbrettleisten

Radkappen verchromt, VW ausgelegt

Zierdeckel verchromt am linken Kotflügel

neue Stoßstange verchromt

Export-Fahrzeug 5 (Beige)
A Innenausstattung
Armaturenbrett vollständig, mit rechtem Einsatz, hell linkem Einsatz, hell Uhr 60 mm Durchmesser Zigarrenanzünder Schwenkaschenbecher Leselampe Chromrahmen Abdeckung der Instrumente
Türverkleidung rechts und links Leder
Armlehnen rechte und linke Tür Leder
klappbare Armlehne an Hintersitzlehne
Seitenverkleidung Leder
Rosetten und Knöpfe
Dachbezug
Vorderwandverkleidung mit Tasche
Teppiche
Gummimatten
Schiebesitzanordnung
Fußhebelwerk rechts
Fußabblendschalter rechts
B Außenausstattung
Sonderlackierung einschließlich innen
Antivibrinspritzen
Zierleisten verchromt
VW-Zeichen verchromt
Trittbrettleisten
Scheibenwischer mit Ruhestellung
neue Stoßstangen verchromt
Radkappen voll verchromt

1949: Das Jahr des Export-Modells und der Cabrios

Modellpflege

Das Jahr *1949* war für die weitere Entwicklung des Volkswagens sehr wichtig. Nicht nur, dass einige Veränderungen an der bisherigen Limousine vorgenommen wurden, es gab erstmals auch neben der bisher gebauten Version vier weitere Fahrzeuge: die VW-Export-Limousine, das zweisitzige Cabrio von Hebmüller, das Polizeicabrio von Hebmüller, Papler und Karmann sowie das viersitzige Cabrio von Karmann. Damit wurde auch eine Überarbeitung der bisherigen Typenbezeichnungen notwendig. Bis zum *1. Juni* liefen alle Volkswagen-Limousinen unter der *Typenbezeichnung 11*. Ab *2. Juni 1949* wurde das Typenprogramm um zwei Modellbezeichnungen beim *Typ 11* ergänzt und die *Typen 14 und 15* – die Cabrios – zusätzlich in das Produktionsprogramm aufgenommen. Dieses Typenprogramm hatte bis zum *30. April 1950* Bestand:

Typ 1	
Typ 10	Fahrgestell
Typ 11	Limousine Normalausführung, nur für das Inland Modell 11 a Limousine Luxusausführung Modell 11 b besser ausgestattet Modell 11, nur für den Export
Typ 14	zweisitziges Cabrio von Hebmüller
Typ 15	viersitziges Cabrio von Karmann, Linkslenker
Typ 17	Krankenwagen
Typ 18	Polizeicabrio von Hebmüller, Papler, Karmann
Typ 2	
Typ 29	Projekt VW Transporter

Wichtiger als diese allgemeinen Veränderungen waren aber die bereits oben angesprochenen neuen Modelle.

Die Cabrios

Das Hebmüller Cabrio Typ 14

1948 war man in Deutschland aus dem Schlimmsten heraus. Durch die Währungsreform im Sommer war wieder Optimismus bei der Wirtschaft und in der Bevölkerung eingekehrt. Das äußerte sich auch in den mittelfristigen Perspektiven der Automobilindustrie, und hier vor allem beim Volkswagenwerk.

Neben der Limousine hatte Ferdinand Porsche von Beginn an auch ein Cabriolet für den Volkswagen vorgesehen. In der Nachkriegszeit hatten die für das Volkswagenwerk verantwortlichen Briten diesen Gedanken wieder aufgegriffen, ihn aber lediglich für den Eigenbedarf weiter verfolgt. So gab es bereits *1946* zwei Cabrios, eines für Colonel Charles Radclyffe in Minden und eines für Major Ivan Hirst, den britischen Leiter des Volkswagenwerkes. Diese beiden Einzelstücke basierten auf der Vorkriegsentwicklung und waren technisch mit der Limousine identisch.

1948 schien der deutschen Leitung des Volkswagenwerkes die Zeit reif, auch für gewöhnliche Kunden ein Cabrio anzubieten. So kam es zu Verhandlungen zwischen dem Werk und der Karosseriefirma Joseph Hebmüller und Söhne in Wuppertal und Wülfrath. Der Karosseriebauer erhielt im gleichen Jahr einen Auftrag über die Konstruktion eines Cabrios auf der Basis des Volkswagens, mit der Maßgabe einer preisgünstigen Fertigung und Ersatzteilbeschaffung. Mit anderen Worten: Es sollten möglichst viele Teile von der Limousine übernommen werden.

Hebmüller präsentierte *1948* der Geschäftsleitung des Volkswagenwerkes drei Exemplare, die sich durch zusätzliche Luftschlitze auf der Motorhaube von der späteren Serie unterschieden, und bekam daraufhin grünes Licht für die Produktion und einen Auftrag über den Bau von 1000 Stück, dem nach Erfüllung ein weiterer über ebenfalls 1000 Exemplare folgen sollte. Der Serienstart des eleganten, zweisitzigen Cabrios war im *April 1949*. Das Cabrio war bis zur A-Säule – mit Ausnahme des Windschutzscheibenrahmens und den in den vorderen Seitenteilen versenkt angebrachten Fahrtrichtungsanzeigern – mit der Limousine identisch. Die Türen waren als Halbtüren konstruiert,

Das Cabrio von Hebmüller, der Typ 14, war ein elegantes, zweisitziges Fahrzeug, das vom Start weg seine Liebhaber fand. Vor allem das voll in die Karosserie versenkbare Verdeck hatte Vorteile. Der Blick nach hinten war bei geöffnetem Verdeck vollkommen frei. Allerdings musste man auf die Mitnahme von mehr als zwei erwachsenen Personen verzichten.

Zwei Neuerscheinungen des Jahres 1949: Die besondere Form des Fahrzeughecks des VW-Cabriolets von Hebmüller, Typ 14, ist auf diesem Foto gut zu erkennen. Links daneben eine VW Export-Limousine Typ 11 C mit Chrom-Zierrat, Sickenstoßstangen und den Hupengittern in den Kotflügeln. Die Zulassung der Limousine erfolgte in BN (Britische Zone Niedersachsen), das Hebmüller-Cabrio hatte ein Probekennzeichen.

deren voll versenkbare Scheiben in einem Aluminiumrahmen geführt wurden. Hintere Seitenfenster gab es nicht, da der Wagen lediglich ein Zweisitzer mit zwei hinteren Notsitzen war.

Der Hinterwagen wies gegenüber der Limousine jedoch größere Veränderungen auf, war er doch mit seiner oben flach auslaufenden Motorhaube dem Vorderwagen sehr ähnlich. Darunter passte der Motor mit seinem neu gestalteten Luftfilter. In der Mitte der Haube war eine Hutze aufgesetzt, die sich nach vorn und oben verjüngte und in die unten die Kennzeichen- und Bremsleuchte eingebaut waren. Die Gesamtlänge dieses Modells betrug 4050 Millimeter, der Wagen war also um 20 Millimeter kürzer als die Limousine.

Seine Steifigkeit erhielt das Fahrzeug durch einen zusätzlich angeschweißten z-förmigen Unterholm.

Die von der Limousine abweichenden Daten bezogen sich ausschließlich auf den Bereich *Abmessungen und Gewichte*. Die Kennzahlen für den *Typ 14* und den *Typ 15* (viersitziges Cabrio von Karmann) lauteten:

Abmessungen und Gewichte	Typ 14	Typ 15
Länge (mm)	4050	4070
Breite (mm)	1550	1550
Höhe (mm)	1500	1500
Leergewicht (kg)	775	800
Zul. Gesamtgewicht (kg)	1100	1160
Bodenfreiheit (mm)	220	220
Höchstgeschwindigkeit (km/h)	105	105

Die Lackierungen, die für dieses Fahrzeug angeboten wurden, waren Schwarz/Korallerot, Schwarz/Elfenbein und schwarz. In der Zusatzfarbe wurden jeweils die Seitenteile unterhalb der Zierleiste und die Radschüsseln lackiert.
Der ursprüngliche Verkaufspreis betrug DM 7500, konnte aber *1950* auf DM 6950 gesenkt werden.
Nach nur 696 gebauten Exemplaren wurde die Produktion eingestellt, weil ein Brand am *23. Juli 1949* wichtige Fertigungshallen vernichtet hatte. *1952* musste Hebmüller Konkurs anmelden. Da Hebmüller unterversichert war, konnte man sich von diesem Ereignis nie wieder ganz erholen. Bereits ab *1950* wurde die überwiegende Mehrzahl der dann noch produzierten 334 Cabrios vom *Typ 14* bei Karmann in Osnabrück montiert.

Das Karmann Cabrio Typ 15

Am *1. Juli* wurden sowohl das viersitzige Cabriolet von Karmann als auch das Export-Modell in den Markt eingeführt. Das Karmann Cabrio, das wegen der relativ langen Bauzeit schließlich als das Käfer Cabrio schlechthin in die Geschichte einging, hatte die *Typenbezeichnung 15* und war damit der Nachfolger des vor dem Krieg geplanten Cabrios, von dem einige wenige Exemplare bei Autenrieth in Darmstadt hergestellt worden waren.
Die Firma Karmann in Osnabrück war seinerzeit ein renommierter Karosseriebauer, der *1874* gegründet worden war und bereits *1902* seine erste Automobilkarosserie für die Bielefelder Dürkopp-Werke gebaut hatte. Nach dem Zweiten Weltkrieg fehlten auch bei Karmann wie bei anderen Karosseriebauern die Anschlussaufträge der Firmen aus der Vorkriegszeit, die zum Teil nicht mehr existierten. Es lag daher für den Firmeninhaber Wilhelm Karmann nahe, sich des Volkswagens anzunehmen, zum einen, weil das Volkswagenwerk *1946* schon wieder recht ordentliche Produktionszahlen aufzuweisen hatte, zum anderen, weil dieser Hersteller ebenso wie Karmann in der britischen Besatzungszone lag und damit die Teileversorgung einfacher zu lösen war.
Karmann bekam den 10 000. Nachkriegs-Volkswagen, der am *19. Oktober 1946* in Wolfsburg vom Band gelaufen war, und baute dieses Fahrzeug nach seinen Vorstellungen zu einem viersitzigen Cabriolet um. Dieser Wagen entsprach noch nicht der späteren

Am 19. Oktober 1946 lief der 10 000. Nachkriegs-Volkswagen im Werk Wolfsburg vom Band. Das Jubiläumsfahrzeug wurde an die Wilhelm Karmann GmbH in Osnabrück verkauft und dort zum ersten Prototyp des Käfer-Cabrios Typ 15 umgebaut.

Serie, sondern war ein Fahrzeug, bei dem zunächst das Dach abgeschnitten worden war und die Sturmstangen für die Arretierung des Verdecks außen lagen. Da das Verdeck außerdem seitlich weit herumgezogen war, verzichtete man auch bei Karmann – so wie bei Hebmüller – auf ein hinteres Seitenfenster. Dieser Entwurf wurde jedoch nicht weiter verfolgt, da er in Wolfsburg keinen ungeteilten Anklang fand.
In Osnabrück wurde daraufhin ein zweiter Prototyp in Angriff genommen. Dieses Fahrzeug unterschied sich optisch stark vom ursprünglichen Cabrio-Entwurf und vom *Typ 14* und war in seiner äußeren Form der Käfer-Limousine sehr ähnlich. Es besaß – wiederum abgesehen vom Frontscheibenrahmen – den gleichen Vorderwagen wie die Limousine, hatte aber auch nur Halbtüren mit voll versenkbaren Scheiben, die in einen Alurahmen gefasst waren. Da es sich bei diesem Wagen um einen Viersitzer handelte, gab es selbstverständlich auch hintere Seitenscheiben, die, um einen Drehpunkt an der B-Säule gelagert, komplett in die Karosserie hinuntergeschwenkt werden konnten. Die Veränderungen am Heck waren gegenüber der Limousine – sieht man einmal vom Dach ab – nur geringfügig, sodass auch hier im Wesentlichen die Serienteile verwendet werden konnten. Das Geheimnis dieses Wagens lag – ebenso wie beim *Typ 14* – in seinen unsichtbaren Versteifungen innerhalb der Seitenteile der Karosserie, die notwendig geworden waren, da das Dach als tragendes Element nicht zur Verfügung stand. Das hatte jedoch eine Gewichtszunahme

Das viersitzige Cabriolet von Karmann wurde in den über 30 Jahren seiner Produktion zum typischen Volkswagen-Cabriolet und war mit 330 281 Exemplaren lange Zeit das meistgebaute Cabrio der Welt. Das Foto zeigt den Wagen im Jahre 1949. (Foto Karmann)

von 40 Kilogramm gegenüber der Limousine zur Folge. Wie der *Typ 14* besaß auch das Cabrio von Karmann, das die *Typenbezeichnung 15* bekam, eine kleine durchgehende Heckscheibe – beim ersten Prototyp war sie noch geteilt gewesen. Die Länge des Fahrzeugs entsprach mit 4070 Millimetern der der Limousine, das Leergewicht war allerdings wegen der Versteifungsmaßnahmen auf 800 Kilogramm angewachsen. Anders als beim *Typ 14* waren beim *Typ 15* die Fahrtrichtungsanzeiger (Winker) bei der Serie unten in der B-Säule hinter den Türen eingebaut.

Die *1949* an das Volkswagenwerk gelieferte Vorserie wurde strengen Fahrtests unterzogen, die ohne größere Probleme absolviert wurden. Ebenso wie bei Hebmüller bestellte das Werk 1000 Cabrios, mit der Option, diese Stückzahl jederzeit aufstocken zu können. Dass diese Option damals sehr weitsichtig war, bewies schon frühzeitig der Bau des 10 000. Karmann Cabrios *Typ 15* im Jahre *1952*.

Dieses Modell wurde bis zum *10. Januar 1980* in einer Gesamtstückzahl von 330 281 Exemplaren gebaut. Das letzte Exemplar hatte die Fahrgestell-Nummer 192 044 140. Bei der Modelleinführung im Jahre *1949* hatten beide Cabrios einen Verkaufspreis von DM 7500, das letzte Cabrio des *Typ 15* kostete *1979/1980* DM 14 245.

In seiner Ausstattung war das Cabrio von Beginn an in allen Produktionsjahren im Wesentlichen mit der der Export-Limousine identisch, sodass, sofern sich keine gravierenden technischen Abweichungen ergaben, das Cabrio technisch und ausstattungsmäßig unter diesem Modell mit beschrieben wird.

Das Polizeicabrio Typ 18 A

Das dritte Cabrio, der *Typ 18*, das ebenfalls in diesem Jahr erschien und von den Karosseriefirmen Hebmüller, Papler und Karmann hergestellt wurde, hatte spezielle Aufgaben zu erfüllen. Es war ein viersitziges Einsatzfahrzeug für die Polizei. Auch an diesen Fahrzeugen herrschte in der Nachkriegszeit in Deutschland großer Mangel.

Das bei Hebmüller in Wülfrath gebaute Cabrio Typ 18 A war ein Sonderfahrzeug, das für den Einsatz bei der Polizei konstruiert worden war und dort auch seine überwiegende Verwendung fand. Die vier mit Ketten gegen das Herausfallen der Passagiere gesicherten Türausschnitte ließen einen schnellen Zugriff im Einsatzfall zu.

Das Polizeicabrio *18 A* – das A stand für den Linkslenker – hatte als Basis die Serienlimousine *Typ 11,* die sich wegen ihrer zwei Türen nur bedingt für den Einsatz als Streifenwagen eignete. Die Umbauten der Limousine zum *Typ 18 A* waren allerdings recht umfangreich. Nicht nur das Dach wurde bei Hebmüller entfernt, sondern auch die Front-, Heck- und Seitenfenster. Die neue Windschutzscheibe war, sowohl was ihre Dimensionen als auch was den verstärkten Rahmen betraf, identisch mit der des *Typ 14*.

Das besondere Charakteristikum des *Typ 18 A* war das Fehlen der Türen. Stattdessen gab es vier, beim Fahren durch ummantelte Eisenketten gesicherte Ausstiege, die ein schnelles Reagieren der Besatzung ermöglichten. Als Wetterschutz dienten Segeltuchplanen, die an der C-Säule befestigt waren und gegebenenfalls ausgerollt werden konnten. Die Mittelholme wurden verkürzt, die im oberen Teil bei der Limousine eingebauten Winker wanderten nach vorn und wurden auf das vordere Seitenteil aufgeschraubt. Sie befanden sich jetzt außerhalb der Karosserie.

Die Karosserie als solche und die Bodengruppe wurden entsprechend den Erfordernissen verstärkt. Das war umso notwendiger, als dass bei diesem Fahrzeug die hinteren Seitenteile ebenfalls entfielen.

Für höhere Dienstgrade in der Polizeihierarchie baute Hebmüller den *Typ 18 A* auch mit vier eigens angefertigten Metalltüren aus Stahlblech, die oben mit Steckscheiben versehen werden konnten. Diese Idee griffen auch die Hersteller Papler und Austro-Tatra auf, die den *Typ 18 A* ausschließlich in der »gehobenen« Ausstattungsvariante bauten.

Das Stoffdach bestand bei allen Versionen aus Segeltuch und war nicht gepolstert oder gegen Kälte isoliert. Es war nach hinten klappbar und trug in dieser Stellung relativ wenig auf, sodass die Fahrzeuginsassen eine gute Rundumsicht besaßen. Bei späteren Fahrzeugen wurden die Sichtverhältnisse noch weiter verbessert, indem das Verdeck fast vollständig in die Karosserie versenkt werden konnte. Dazu mussten

allerdings die Luftschlitze für die Motorkühlung, die ursprünglich in der Karosserie oberhalb des Motordeckels angebracht waren, in diesen verlegt werden. Die Scharniere des Klappverdecks waren außen angeschlagen und ragten ca. zehn Zentimeter über die Karosserie hinaus. Dadurch wirkte das Dach wesentlich größer und breiter als das der Serienlimousine.
Die Innenausstattung des *Typ 18 A* war spartanisch und entsprach später, als man zwischen Standard- und Export-Modell differenzierte, der des Standard-Käfers: Die Polsterung war in Kunstleder ausgeführt. Die Karosserien wurden für den Einsatz als Streifenwagen in »tannengrün« lackiert, je nach Einsatzzweck matt oder glänzend. Auf jeglichen Chromschmuck wurde verzichtet.
Zur Einsatzausstattung des Typ *18 A* gehörten schwenkbare Zusatzscheinwerfer am Windschutzscheibenrahmen, Blaulicht und ein Martinshorn oder eine Pressluftfanfare.
Von *Juni 1948* bis *Ende 1949* wurden insgesamt 482 Exemplare gebaut. Sie kosteten damals DM 5900 und waren damit nur DM 900 teurer als die Standard-Limousine.
Bei dem oben bereits angesprochenen Papler *Typ 18A* war das Klappverdeck innen angeschlagen, sodass dieser Typ, im Gegensatz zum Hebmüller *Typ 18A,* nur für vier Personen zugelassen war. Die Firma Austro-Tatra, die frühere österreichische Niederlassung der tschechischen Tatra-Werke, produzierte für die Polizei unseres südlichen Nachbarlandes insgesamt 203 Streifenwagen *Typ 18 A* mit vier Türen und Faltverdeck. Die Wiener Polizei erhielt davon 150 Streifenwagen, die übrigen österreichischen Gemeinden die restlichen 53. Sie ähnelten weitgehend der Papler-Version, ihr Klappverdeck war allerdings, wie beim *Typ 18 A* von Hebmüller, außen angeschlagen.
Zu Beginn der *1960er-Jahre* ersetzte man den *Typ 18 A* bei den Polizeidienststellen durch Serien-Cabrios von Karmann. Bis zum Jahre *1960* wurden 2105 Exemplare an die Polizei ausgeliefert, danach folgten nur noch wenige Fahrzeuge, die ausschließlich an die Bereitschaftspolizei gingen.

Die Luxusausführung 11 a und das Export-Modell 11 b

Während die *Typen 14, 15* und *18 A* als Cabrios zunächst nur Nischenmodelle im Programm des Volkswagenwerks waren, waren die Modelle *11 a* und *11 b,* die ab *1. Mai 1950* in einer neuen Typologie unter der

Das Export-Modell 11 b war ein großer Sprung nach vorn. Der Käfer hatte sich durch seine aufwendigere Ausstattung vom »hässlichen Entlein« zum »stolzen Schwan« gemausert. So konnte sich der Wagen auch international sehen lassen.

Ein Blick auf die Armaturentafel des Export-Modells. Auffällig sind das Zweispeichen-Lenkrad, die Zeituhr, die hellen Einsätze, Schalter, Griffe und Rosetten, die zwei Handschuhfächer mit einer chromfarbenen Umrandung und der Zugschalter zum Öffnen der vorderen Haube links unterhalb des Lenkrads.

In das Fahrzeuginnere war, im Vergleich zum bisherigen Standard, der pure Luxus eingezogen. Die Polsterung war hochwertiger und mit abgesteppten Stegen. Die »Schlummerrollen« sorgten für mehr Komfort auf der Rücksitzbank. Die Halteschlaufen gaben den Passagieren mehr Halt. Der Dachhimmel war jetzt komplett verkleidet, bis hinab in das Gepäckabteil hinter die Rücksitzlehnen.

Bezeichnung *11 C* geführt wurden, speziell für Märkte gedacht, die höhere Ansprüche an ein Auto stellten als der immer noch schwierige Inlandsmarkt. Allerdings musste diese Einstellung des Volkswagenwerks bereits kurzfristig revidiert werden, denn auch die deutschen Kunden entschieden sich überwiegend für das optisch und technisch aufwendigere, allerdings auch teurere Export-Modell *11 b,* das bei seiner Markteinführung DM 5450 kostete.

Dafür bekam der Kunde aber eine reichhaltige Ausstattung:
gesickte Zierleisten, verchromte Griffe, Stoßfänger, Lampenringe und Radkappen; ein geschlossenes VW-Zeichen auf dem Deckel vorn; Chromrahmen um die Schalttafeleinsätze und die Handschuhfächer; zwei runde Hupenziergitter in den Kotflügeln mit einer Hupe unter dem linken Kotflügel; eine bessere Polsterung der Sitze; Seitenteile hinten und Türen im Stoffdessin der Sitze; einen vollständig mit Sisal ausgekleideten Fahrzeugboden; elfenbeinfarbige Bediengriffe und Schalttafeleinsätze; eine Zeituhr; ein Zweispeichen-Lenkrad; einen eckigen Innenspiegel; zwei gepolsterte Armrollen auf den Rücksitzen; Armschlaufen mit Mantelhaken hinten; metallfarbene Scheibenwischer; eine abgedunkelte, transparente Sonnenblende auf der Fahrerseite, farblich ausgelegte Stoßstangensicken und VW-Zeichen auf den Radkappen; die sichelförmigen Stoßstangenhörner wurden durch eine konvexe, stabilere Form abgelöst; die Rückenlehne der hinteren Sitzbank wurde zurückversetzt und schräg angeordnet; die Vordersitze waren auch während der Fahrt verstellbar.

Ein gleich ins Auge fallendes optisches Merkmal war die Hochglanz-Lackierung, die den bisherigen Nitrolack ablöste und die Karosseriepflege erleichterte. So stellte dieses Fahrzeug eine Kombination aus den Ausstattungen der oben beschriebenen Präsentationsmodelle dar, wobei sich das Werk bei der Zusammenstellung der Ausstattung nach den Vorschlägen der Importeure und Großhändler gerichtet hatte.
Der Fertigungsbeginn dieser so aufwendig überarbeiteten *Modelle 11 a* und *11 b* Export war der *2. Juni 1949.* Mit der Markteinführung des Export-Modells wurden die Preise für alle Volkswagen neu festgelegt. Der *Typ 11* (Standard) kostete DM 4800, der *Typ 11 a* (*11 C* Export) DM 5450, die *Typen 14 und 15* DM 7500.
Die *Modelle 14 und 15* wurden ab Produktionsbeginn ebenfalls mit der aufwendigen Export-Ausstattung gebaut. Mit diesen drei neuen Modellen war bei Volkswagen der erste große Schritt zur Mehrmodell-Politik vollzogen worden, und das, obwohl man nur einen Fahrzeugtyp produzierte.

1950, 1951: Modellpflege

Am *1. Mai 1950* wurde eine erweiterte Typen- und Modellstruktur eingeführt, die bis zum *4. Januar 1954* Gültigkeit hatte:

Typ	Modell	
Typ 11	11 A	Standard-Modell Linkslenker
	11 B	Standard-Modell Rechtslenker
	11 C	Export-Modell Linkslenker
	11 D	Export-Modell Rechtslenker
	11 E	Standard-Modell Faltschiebedach Linkslenker
	11 F	Standard-Modell Faltschiebedach Rechtslenker
	11 G	Export-Modell Faltschiebedach Linkslenker
	11 H	Export-Modell Faltschiebedach Rechtslenker
Typ 14	14 A	Cabrio zweisitzig von Hebmüller
Typ 15	15 A	Cabrio viersitzig von Karmann, Linkslenker
	15 B	Cabrio viersitzig von Karmann, Rechtslenker
Typ 17	17 A	Krankenwagen, Ausführung Miesen
Typ 18	18 A	Polizeistreifenwagen viersitzig von Hebmüller etc.

Typen 11, 15

Nach der Kraftanstrengung, die man *1949* unternommen hatte, um das Modellprogramm aufzuwerten und zu ergänzen, blieben die Veränderungen an der Limousine und dem Cabriolet in den beiden darauffolgenden Jahren verständlicherweise relativ bescheiden. Es waren im Wesentlichen kosmetische Korrekturen wie z. B. verchromte Lampenringe und ein seitlicher Zierstreifen bei den *Standardmodellen 11 A, B, E und F*, ein T-förmiger Heizungszuggriff oder der Aufbauaschenbecher in Kugelform in der hinteren rechten Seitenverkleidung bei den *Exportmodellen 11 C, D, G und H*. Ab *1. April 1951* zierte das Wolfsburger Stadtwappen die vordere Haube, und nur zwölf Tage später bekam die Windschutzscheibe einen Chromrahmen. S-förmige Ausschnitte in den Türscheiben oben vorn sorgten für eine zugfreie Belüftung, was den Komfort für die Passagiere erhöhte, die im *Januar 1951* durch aufstellbare Belüftungsklappen – wegen der zugigen Luftzufuhr im Volksmund »Rheumaklappen« genannt – in den vorderen Seitenteilen (bis zum *30. September 1952* eingebaut) abgelöst wurden. Ab *28. April 1950* konnte man, wenn man es etwas offener bevorzugte, gegen Aufpreis ein Faltschiebedach der Firma Golde bestellen. Der Aufpreis für diese Mehrausstattung betrug stolze DM 250. Am *20. November 1951* entfielen zum Bedauern vieler Besitzer des Exportmodells die Armrollen auf der Rücksitzbank.

Es gab aber auch einige wichtige Maßnahmen, die der Fahrsicherheit dienten. Der entscheidende technische Fortschritt war die ab *März 1950* bei den *Modellen 11 C, D, G und H* eingebaute hydraulische Einkreis-Bremsanlage, die das Fahrzeug in kritischen Situationen besser beherrschbar machte. Hier hatte die Notwendigkeit einer stärkeren Bremse beim VW Transporter, der ab Produktionsstart eine hydraulische Bremse bekommen hatte, die Pionierarbeit geleistet.

Weil das Volkswagenwerk mit seinen Fahrzeugen in der Zwischenzeit gutes Geld verdiente, konnte man am *1. Mai 1950* den Preis für das Cabrio *Typ 15* auf DM 6950 senken und am *10. Oktober 1950* den Preis für die Export-Limousinen, Modell *11 C* auf DM 5400 reduzieren. Am *1. September 1951* erfolgte eine weitere Preissenkung für die Limousinen. Das *Exportmodell 11 C* kostete jetzt nur noch DM 5100.

Auch für die Belegschaft gab es einen Grund zur Freude. Am *4. März 1950* lief im Volkswagenwerk der 100 000. Wagen vom Band. Das Jubiläum wurde groß gefeiert. Die internationale Presse war eingeladen und konnte aus dem Mund des Generaldirektors einiges über die Erfolge und die Zukunftsperspektiven des Unternehmens hören. Bei den Zulassungszahlen führte Volkswagen in der Bundesrepublik mit einem Marktanteil von 41,2 Prozent einsam die Spitze an. Im Jahresdurchschnitt wurden arbeitstäglich 342 Fahrzeuge gebaut. Die Belegschaft war auf 13 305 Mitarbeiter angewachsen. Pro Mitarbeiter wurden, statistisch gesehen, 6,82 Volkswagen produziert.

Der Standard-Käfer Modell 11 A war während seiner Bauzeit im Vergleich zum Export-Modell ein relativ seltenes Fahrzeug. Bei diesem Wagen, der auf dem fünften Internationalen Käfertreffen in Hessisch Oldendorf 2009 fotografiert wurde, ist der mit der Hand gezogene Seitenstreifen auf der Gürtellinie deutlich zu erkennen. (Foto: Wiersch)

Die Veränderung des Export-Käfers, die sofort ins Auge fiel, war das Wolfsburg-Wappen oberhalb des Deckelgriffs auf der vorderen Haube. Das war ein absolutes Schmuckelement und besitzt heute hohen Sammlerwert. (Foto: Wiersch)

Die sogenannten Rheumaklappen waren zwar sehr wirkungsvoll, aber nicht zugfrei. Sie wurden deshalb schon nach kurzer Einbauzeit wieder abgeschafft. (Foto: Wiersch)

Das erste Foto einer Käfer-Limousine mit einem Faltschiebedach. Allerdings wurde der Wagen so nie gebaut. Die hinteren Aufstellfenster hat es zu keiner Zeit gegeben.

1952: Produktaufwertungen

Das Werk gab aber seine Gewinne nicht nur über Preissenkungen an die Kunden weiter, sondern auch über Produktaufwertungen. Im Jahre *1952* deuteten einige dieser Aufwertungen bei aufmerksamen Beobachtern bereits darauf hin, dass in absehbarer Zeit größere optische und möglicherweise auch technische Veränderungen in die Käfer-Limousinen *Typ 11* und das Cabrio *Typ 15* Einzug halten würden. Hauptsächliches Indiz dafür war ein vollständig überarbeitetes Armaturenbrett mit nur noch einem Handschuhfach auf der Beifahrerseite, das mit einem Deckel verschlossen war, der mit einem Druckknopf geöffnet werden konnte, einem neu gestalteten Tacho und neuen Zugschaltern für Licht und Scheibenwischer, die die bisherigen Knebelschalter ablösten und sich rechts neben der Lenksäule unterhalb einer Blende für den Einbau eines Radiolautsprechers befanden. Der Anlasser-Druckknopf wanderte auf die linke Seite im Armaturenbrett, während das Zündschloss ganz rechts neben dem Choke platziert war. Unterhalb der Lautsprecherblende befand sich eine weitere, schmale Blende für den Einbau des Radios selbst. Unterhalb des Armaturenbretts befand sich links von der Lenksäule ein Kippschalter für die Tachobeleuchtung. Der Einsatztermin für das neue Armaturenbrett war der *1. Oktober 1952* mit der Fahrgestell-Nummer 1-0 397 023. Dieses Modell, das in der Volkswagen-Historie als »Zwitter« bekannt ist, wurde bis zur Fahrgestell-Nummer 1-0 454 951 am *10. März 1953* gebaut, dem Datum, als aus dem Brezelfensterkäfer der »Ovali« wurde.

Zum gleichen Zeitpunkt bekamen die Limousine und das Cabrio neue Rückleuchten, die jeweils oben liegende, herzchenförmige Bremsleuchten und das Schluss- und Rücklicht enthielten. Sie lösten die nicht mehr zeitgemäße Leuchte in der Mitte des hinteren Deckels ab, die, abgesehen vom Rückstrahler, die übrigen Funktionen in sich vereinte. Damit waren die Fahrzeuge, vor allem bei Dunkelheit, von den übrigen Verkehrsteilnehmern von hinten besser als Auto zu erkennen.

Das Cabrio bekam außerdem stärkere Stoßfängerhörner und einen Steinschlagschutz an den hinteren Kotflügeln. Das VW-Zeichen auf den Radkappen wurde, wie bei allen *Typ 1-Modellen,* wesentlich kleiner. Außerdem wanderten die Winker von den vorderen in die hinteren Seitenteile.

Die Tür- und Seitenverkleidungen wurden überarbeitet und speziell in den Export-Ausführungen *11 C, D, G und H* verbessert. Die Polster- und Verkleidungsstoffe wurden der Überarbeitung angepasst. Der Handbremshebel war beim Export-Modell durch eine Gum-

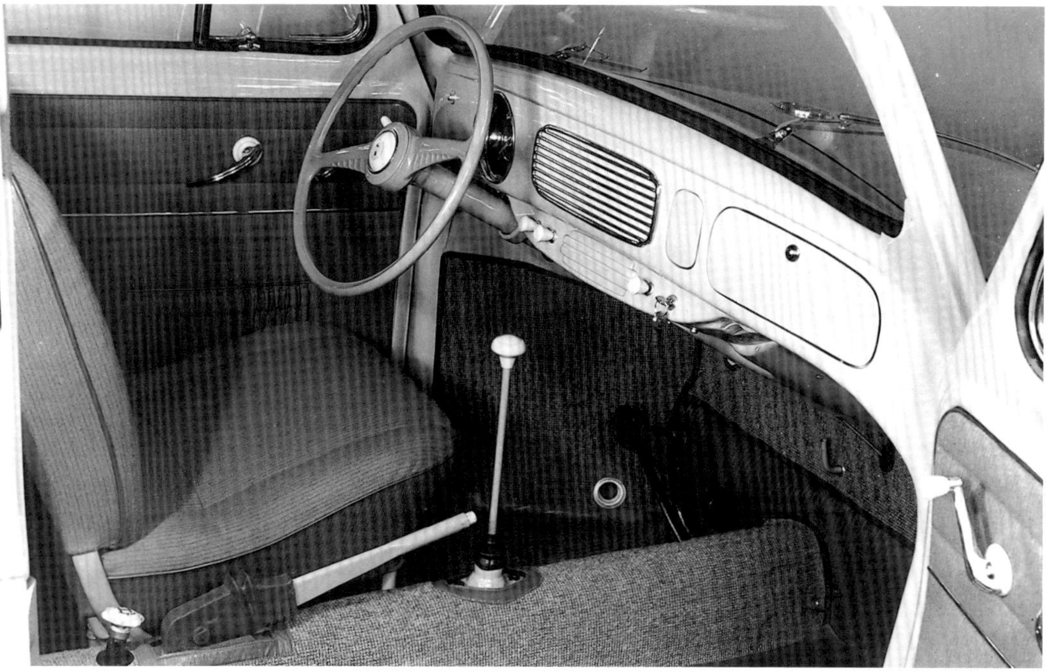

Die neue Armaturentafel war moderner und übersichtlicher gestaltet worden. Sie gab dem Volkswagen innen ein völlig neues Ambiente. Gleichzeitig war sie ein Indiz dafür, dass gravierende Änderungen bevorstanden.

mistulpe am Rahmentunnel abgedeckt. Dem Komfort diente die Änderung der Heizungsbetätigung. Der Wirkungsgrad wurde beim Export-Modell ab *1. Oktober 1952* durch einen Drehknopf mit Spindel eingestellt, der den bisherigen Zugknopf ablöste, der nur eine relativ ungenaue Regulierung zuließ und sich während der Fahrt oft selbsttätig verstellte.

Dem erhöhten Fahrkomfort und der Fahrsicherheit dienten die neuen 15-Zoll-Felgen mit der Bereifung 5.60-15 und die weichere Federung durch 6-Blatt-Federstäbe. Auf Wunsch und gegen Aufpreis gab es jetzt sogar einen hydraulischen Lenkungsdämpfer zur Erzielung einer absolut ruhigen, stoßfreien Lenkung, auch auf schlechten Straßen. Die *Export-Modelle 11 C, D, G und H* sowie das Cabrio *Typ 15* erhielten ab dem *6. April 1951* ab Fahrgestell-Nummer 1-0 244 003 Teleskopstoßdämpfer. Bei den *Standard-Modellen 11 A, B, E und F* wurden jedoch die Hebelstoßdämpfer beibehalten.

Der neue Solex-Vergaser 28 PCI ergab bessere Übergänge vom Teil- zum Volllastbereich. Gleichzeitig wurde mit einer verstärkten, für beide Motorseiten gleichmäßig abgestimmten Beheizung die Gemischaufbereitung bei tiefen Temperaturen verbessert. Auch für die Dämpfung des Motorgeräuschs im Passagierraum wurde einiges getan, indem man Dämmpappe in den Motorraum an der Rückwand der Fahrgastkabine anbrachte und den Motor in drei Gummi-Metall-Lagern – statt bisher zwei – aufhängte.

Das Exportmodell und das Cabrio erhielten zusätzlich – neben diversen optischen Accessoires wie Chromzierrahmen um alle Fenster, ovale Hupengitter oder einen Hupenknopf mit dem Wolfsburger Stadtwappen – eine technische Aufwertung, die jedoch den *Standardmodellen 11 A, B, E und F* vorenthalten blieb: ein Getriebe, das bis auf den ersten Gang und den Rückwärtsgang synchronisiert und geräuscharm war. Der zweite, dritte und vierte Gang bestanden aus schrägverzahnten Dauereingriffsrädern und einer Klauenschaltung mit Kegelsynchronisierung und Gleichlaufsperren. Der erste und der Rückwärtsgang hatten nach wie vor gerade verzahnte Schieberäder. Das Gehäuse war aus Elektron und zweigeteilt, mit angegossenem Kupplungsgehäuse und einem Befestigungsflansch für den Motor. Damit hatte der Volkswagen *Typ 11* in diesem technischen Detail, das einen großen Einfluss auf den Komfort hatte, Anschluss an den Stand der Zeit gefunden.

1953: Der Ovali

Was sich am *1. Oktober 1952* bereits durch den Einbau einer neuen Armaturentafel angekündigt hatte, wurde am *10. März 1953* endlich in die Tat umgesetzt. Die Limousine bekam eine stark überarbeitete Karosserie. Das geteilte Heckfenster musste einem ungeteilten, gewölbten, ovalen weichen. Die Fläche des Fensters vergrößerte sich damit um 23 Prozent. Die Fensterscheibe bestand jetzt aus Sicherheitsglas, während sie bis dahin aus normalem Spiegelglas gewesen war. Das neue Heckfenster fiel den Käferfans sofort ins Auge, und die Kunden merkten, dass das Volkswagenwerk mit der Zeit ging. Diese Modell-Aktualisierung hatte jedoch nicht nur Vorteile, denn erstmals waren die älteren Käfermodelle auf den ersten Blick zu erkennen. Eigentlich hätte dies zu einem größeren Wertverlust für diese Fahrzeuge führen müssen. Dass dies letztlich nicht der Fall war, lag vor allem daran, dass der Käfer mittlerweile seine Zuverlässigkeit und Wirtschaftlichkeit unter Beweis gestellt hatte. Deshalb war es den meisten Besitzern der Li-

Der Ovali-Käfer. Die Veränderungen an diesem Wagen erfolgten vor allem im Heckbereich. Hier wurde nicht nur das Rückblickfenster um 23 Prozent vergrößert, auch die neu gestalteten Rückleuchten waren ein wichtiger Beitrag zur Fahrzeugsicherheit.

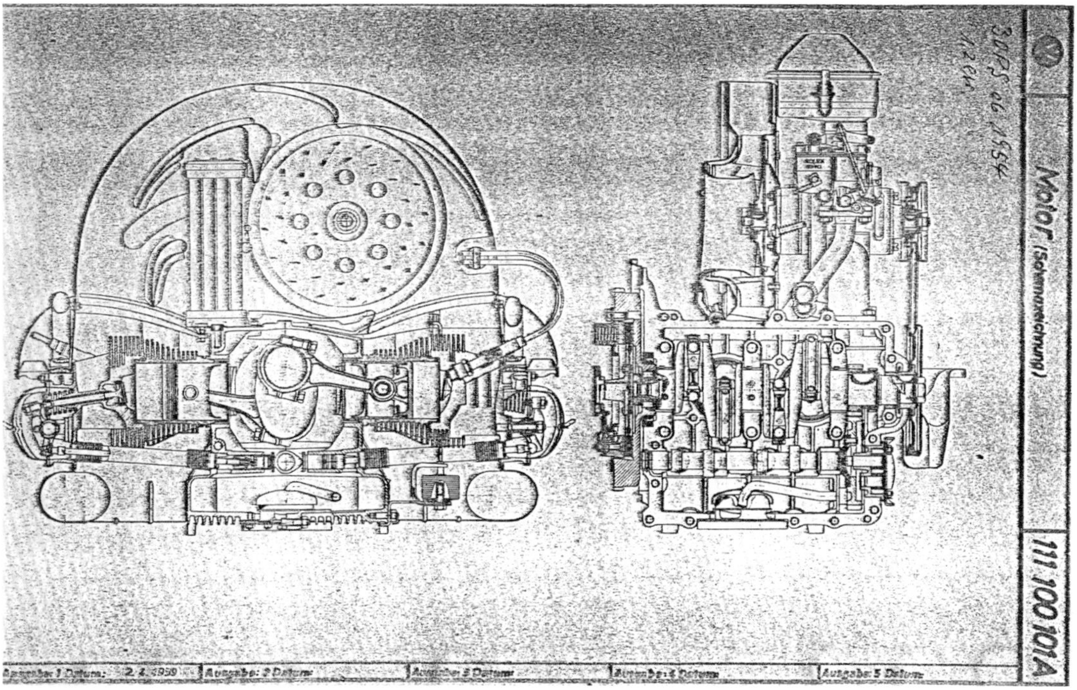

Maßzeichnung des neuen 30-PS-Motors mit einem Hubraum von 1192 cm^3, der am 21. Dezember 1953 erstmals in eine Export-Limousine mit der Fahrgestell-Nummer 1-0 575 415 eingebaut wurde. Dieser Motor verhalf den Typen 11 C und 15 zu verbesserten Fahrleistungen.

mousine gleichgültig, ob sie ein neueres oder älteres Modell besaßen. Hauptsache, man hatte einen Volkswagen!

Für die zugfreie Be- und Entlüftung des Innenraums sorgten ab sofort Drehfenster in den Türen, die in jeder beliebigen Stellung arretiert werden konnten und durch diebstahlsichere Riegel mit Druckknopfsicherung arretiert wurden. Diese Idee hatte man vom Bus übernommen, wo sie sich bewährt hatte. Die Fläche, die der Scheibenwischer auf der Windschutzscheibe erfasste, wurde um 12 Prozent vergrößert und die Wischerfrequenz von 35 auf 50 pro Minute erhöht. Außerdem gab es eine automatische Ruhestellung, während die Wischer bisher dort stoppten, wo sie gerade waren, als der Schalter betätigt wurde. Das waren wichtige Details für die Fahrsicherheit. Gleichzeitig wurde die Bedienbarkeit des Winkers durch die Verlagerung des entsprechenden Hebels auf die linke Seite der Lenksäule verbessert.

Ebenfalls der Sicherheit, diesmal aber der der Fahrzeuginsassen, diente die Abrundung des Innenspiegels. Durch diese Maßnahme wollte man das Verletzungsrisiko bei Unfällen reduzieren. Den gleichen Zweck erfüllte die Befestigung der Batterie unterhalb der Rücksitzbank mit einem Spannband.

Der allgemeinen Fahrsicherheit dienten die jetzt aufeinander abgestimmten, weicheren Vorder- und Hinterradfedern. Dadurch vergrößerten sich die Radwege zwischen den Anschlägen. Dazu änderte man die Anzahl der Federstäbe an der Vorderachse von sechs auf acht.

Weniger spektakulär waren dagegen der Kippaschenbecher in der Armaturentafel und der Tachometer mit ungeteiltem Winkerpfeil und der Markierung von Gangbereichen sowie die Winker mit glatten Außenbereichen, die die bisher geriffelten Winker ablösten. Dass man allerdings bis ins Detail arbeitete, lässt sich daran erkennen, dass die zwei Lenkrad-

Mittlerweile konnten sich in zunehmendem Maße auch die Mitarbeiter des Volkswagenwerks den Wagen leisten, den sie über fast zehn Jahre erfolgreich bauten. Das Foto zeigt vereinzelte Käfer auf den großzügigen Parkflächen des Wolfsburger Stadtteils Steimkerberg, einer Siedlung, die hauptsächlich den Angestellten des Werks vorbehalten war.

speichen jetzt nach oben zeigten, um dem Fahrer einen freieren Blick auf den Tachometer zu ermöglichen. Dem Komfort diente der quer gestellte Doppelknebelgriff zur Verriegelung des Motordeckels, der den bisherigen einseitigen, nach oben gerichteten ersetzte.

Die Stoßfänger erhielten ein moderneres, breiteres Profil und waren mit zwei widerstandsfähigen Hörnern verstärkt. Auch dadurch erhielten die Limousine *Typ 11* und das Cabrio *Typ 15* ein neues Aussehen, das durch einige blanke Alu-Zierleisten an der vorderen Haube, auf der Gürtellinie, den Trittbrettkanten, den Fensterumrandungen und als Ziergitter zur Abdeckung der Signalhornöffnungen am vorderen Kotflügel bei den *Modellen 11 C, D, G und H* weiter aufgewertet wurde.

Bei den *Modellen 11 A, B, E und F* wurde das Signalhorn jetzt auch unter dem Kotflügel eingebaut, das Abdeckgitter war allerdings in Wagenfarbe lackiert.

Wichtig für die Kunden war aber eine weitere Preissenkung für die Käfer-Modelle am *17. März 1953*. Das *Modell 11 C* Export-Limousine kostete ab sofort nur noch DM 5100, das Cabrio war jetzt für DM 6750 zu haben.

Zum Jahresende erfolgte der nächste Paukenschlag, auf den die Kunden allerdings schon sehnsüchtig gewartet hatten. Am *21. Dezember 1953* bekamen alle Modelle einen Motor mit 30 PS Leistung, der beim Export-Modell bis zum *31. Juli 1960* und beim Standard-Modell bis zum *31. Juli 1965* verbaut wurde. Die Leistungssteigerung von rund 20 Prozent bei einer Hubraumvergrößerung von lediglich 5 Prozent wurde

durch eine sorgfältige Weiterentwicklung der Gaskanäle, des Ansaugrohrs und der Zündung, durch eine Verdichtungserhöhung, ohne dass dabei jedoch Superbenzin benötigt wurde, und durch eine neue Vergasereinstellung erzielt.
Alle Volkswagen-Motoren waren seit *1953* mit einem Ölbad-Luftfilter ausgerüstet. Diese Filter-Bauart, die sonst nur in teuren Sportwagen der damaligen Zeit eingebaut wurde, erzielte einen hohen Entstaubungsgrad der Ansaugluft und eine Unempfindlichkeit gegen Flammenrückschläge. Sie gewährte damit dem Motor eine hohe Lebensdauer. So war es gelungen, die Zuverlässigkeit und die Lebensdauer des Motors trotz der Leistungssteigerung durch verbesserte Kühlung und Schmierung sowie durch weitere Vereinfachungen zu erhöhen.
Die Fertigung des VW-Motors hatte durch laufende Verfeinerung und die letzten Neuerungen eine Qualität erreicht, die den Verzicht auf Einfahrvorschriften erlaubte. Die Volkswagen konnten jetzt ab dem ersten Tag in den für die einzelnen Gänge empfohlenen, gegenüber früher erweiterten Geschwindigkeitsbereichen gefahren werden: im ersten Gang bis 25 km/h, im zweiten Gang bis 50 km/h, im dritten Gang bis 75 km/h und im vierten Gang bis zur Höchstgeschwindigkeit.

VW Typ 11, Typ 15, Typ 17, Typ 18	
Motor	
Bauart	Vierzylinder-Boxermotor, zweiteiliges Kurbelgehäuse aus Magnesium-Legierung
Kühlung	Luft, Gebläse
Hubraum (cm³)	1192
Bohrung (mm)	77
Hub (mm)	64
Leistung (PS/kW)	30/22
Drehmoment (Nm)	75,5 bei 2000 1/min
Kompression	1:6,1; ab August 1954: 1:6,6
Drehzahl (1/min)	3400
Kurbelwellenlager	4
Vergaser	Solex 28 PCI Fallstrom
Kraftstoffanlage	mechanische Pumpe
Zündfolge	1-4-3-2
Zusatzaggregate und Technik	
Anlasser	Bosch EED 0,5/6 L 49
Lichtmaschine	160 Watt (alle Typen)
Kupplung	F & S Einscheibentrockenkupplung
Getriebe	Volkswagen Schub, Elektrongehäuse
Anzahl der Gänge	4 V, 1 R, 2., 3. und 4. Gang beim Export-Modell und Cabrio synchronisiert
Antrieb	Hinterrad
Vorderachse	Einzelrad

VW Typ 11, Typ 15, Typ 17, Typ 18	
Vorderradaufhängung	Kurbellenker oben und unten, 2 Federstäbe quer
Hinterradaufhängung	Pendelachse, Längslenker, Federstäbe quer
Federung	vorn/hinten Drehstäbe, ab 1.10.1952: vorn 6 Blatt ab August 1959: Stabilisator
Lenkung	Spindel (15 : 1) 2,4 Lenkradumdrehungen
Schmierung des Fahrgestells	Hochdruck, 6 Schmierstellen
Bremsen	Volkswagen
System	Modelle 11 A, B, E, F: mechanisch, Modelle 11 C, D, G, H und Typ 15: hydraulisch
Art	Innenbacken, Trommel
Fußbremse, Wirkungsweise	Modell 11 A, B, E, F: 4 Räder mechanisch Seilzug, Modelle 11 C, D, G, H und Typ 15: 4 Räder hydraulisch
Handbremse; Wirkungsweise	Seilzug Modell 11 A, B, E, F: 4 Räder, Modelle 11 C, D, G, H und Typ 15: Hinterräder
Felgenart	Scheibenräder 4.00 J × 15
Reifengröße	5.60-15
Abmessungen und Gewichte	
Spur vorn/hinten (mm)	1290/1250 (ab Oktober 1957: 1305/1250)
Radstand	2400
Länge (mm)	4070
Breite (mm)	1540
Höhe (mm)	1500
Wendekreis (m)	11,5 (ab April 1962: 11,2)
Bodenfreiheit (mm)	172
Höchstgeschwindigkeit (km/h)	112
Beschleunigung 0–100 (sec)	38
Verbrauch (l/100 km)	8,0
Gesamtgewicht (kg)	Modell 11 A, B: 720; Modell 11 C, D: 740; Typ 15: 810
Zul. Gesamtgewicht (kg)	1110
Tankinhalt (l)	40
Anzahl der Sitzplätze	Modelle 11 A, B, E, F und 11 C, D, G, H: 5; Typ 15: 4

1954, 1955: Kleine Fortschritte und ein großes Jubiläum

Ab dem *4. Januar 1954* galt für den Käfer wieder eine neue Typologie, die bis zum *1. August 1965* beibehalten wurde. Danach galten für die einzelnen Modelle die folgenden Bezeichnungen:

Typ	Modell	
Typ 1	111	Standard-Modell Linkslenker
	112	Standard-Modell Rechtslenker
	113	Export-Modell Linkslenker
	114	Export-Modell Rechtslenker
	115	Standard-Modell Faltschiebedach Linkslenker
	116	Standard-Modell Faltschiebedach Rechtslenker
	117	Export-Modell Faltschiebdach Linkslenker
	118	Export-Modell Faltschiebdach Rechtslenker
Typ 14	141	Karmann-Ghia Cabriolet Linkslenker
	142	Karmann-Ghia Cabriolet Rechtslenker
	143	Karmann-Ghia Coupé Linkslenker
	144	Kamann-Ghia Coupé Rechtslenker
	147	Sonderfahrzeug Post, Kleinlieferwagen (ab 9. März 1965)
Typ 15	151	Cabriolet Viersitzer Linkslenker von Karmann
	152	Cabriolet Viersitzer Rechtslenker von Karmann
Typ 17	171	Krankenwagen von Miesen
Typ 18	181	Polizeistreifenwagen viersitzig von Karmann etc.

Die Veränderungen an den Limousinen des Volkswagenwerks waren in diesen Jahren kaum feststellbar. Wichtig war jedoch, dass die Limousine und das Cabrio jetzt dank des leistungsstärkeren Motors höhere Fahrleistungen und eine höhere Elastizität in den einzelnen Gängen besaßen. Bei niedrigeren Drehzahlen konnte der Wagen nun zügiger und zugleich müheloser gefahren werden. Erwähnenswert ist, dass die besseren Fahrleistungen ohne Mehrverbrauch erzielt wurden.

1954 bekam das Cabrio *Typ 15* eine Kunstharzlackierung – allerdings entfiel die Zweifarben-Lackierung – und einen Rückblick-Innenspiegel mit zwei Sonnenblenden, einen Haltegriff für den Beifahrer und zwei Armschlaufen im Fond. Die Sitze wurden neu ausgestattet, und es gab wieder einen Steinschlagschutz an den hinteren Kotflügeln.

Die wichtigste Verbesserung bei den Limousinen *Typ 11* und dem Cabrio *Typ 15* war aber die Windschutzscheibe mit Sichtinseln vor dem Fahrer im Falle einer Beschädigung durch einen Unfall.

Auffällige Veränderungen des Jahres *1955* waren die größeren und höher angebrachten Einkammerrückleuchten, die zwei Auspuffendrohre – für die *Modelle 113/114/117/118* und *151/152* waren sie verchromt, für die *Modelle 111/112/115/116* schwarz lackiert – einschließlich der dafür notwendigen Aussparungen im hinteren Abschlussblech, breitere Sitze – für das Export-Modell mit verstellbaren Sitzlehnen – und der gekröpfte Schalthebel. Die Rücksitzbank wurde nach hinten versetzt. Ab August konnte man die zunächst

So sahen die Volkswagen Modell 11 C 1955 von hinten aus. Die Rückleuchten hatten keine gesonderten Bremsleuchten in Herzchenform mehr. Stattdessen waren Brems- und Schlusslicht in eine Leuchte integriert. Dazu war auch der Rückstrahler durch eine entsprechende Gestaltung des Glases noch in derselben Leuchte.

für den US-amerikanischen Markt vorgesehenen Rammschutzstoßstangen auch in Deutschland bestellen. Durch eine veränderte Form des Tanks konnte der Kofferraum unter der vorderen Haube auf 85 Liter vergrößert werden, durch die geänderte Rücksitzbank wuchs der hintere Kofferraum auf 130 Liter.
Erstmals konnte man die Export-Limousine und das Cabrio mit Blinkleuchten als Mehrausstattung statt der Winker bekommen, allerdings nur für den Export in die USA, Kanada und Guam. Die deutschen Kunden mussten noch einige Jahre auf diese technische Neuerung warten.
Das modellpolitisch wichtigste Ereignis waren jedoch die Präsentation und der Produktionsbeginn des gemeinsam mit dem Osnabrücker Karosseriewerk Wilhelm Karmann GmbH entwickelten Ghia Coupés, dem ein separates Kapitel gewidmet ist.

Der 1 000 000. Volkswagen war ein Fahrzeug mit besonderer Ausstattung und stand damit für das Selbstverständnis des Volkswagenwerks und die Leistung seiner Mitarbeiter. Vielleicht war das alles etwas überzogen; wenn man jedoch bedenkt, wo das Werk herkam, war diese Selbstdarstellung aber durchaus verständlich.

5. August 1955: 1 Million Volkswagen

Das unternehmensgeschichtlich bedeutendste Ereignis des Jahres waren aber die Feierlichkeiten aus Anlass des 1 000 000. Volkswagens am *5. August 1955*, ein Fest, das das Werk mit allem Pomp und dem ihm eigenen Selbstverständnis beging. Über 100 000 Gäste waren nach Wolfsburg eingeladen und sahen den Ablauf einer besonders aufwendig ausgestatteten Export-Limousine.
Waren schon die früheren Jubiläen mit großen Inszenierungen im Stadion auf dem Werksgelände gefeiert worden, so veranstaltete der damalige PR-Chef Frank Novotny jetzt eine Jubiläumsfeier, die allen, die daran teilnahmen, ein unvergessliches Erlebnis bleiben sollte. Die Importeure aus der Schweiz, Belgien, Schweden, Irland, Frankreich, den Niederlanden, Österreich, Südafrika, den USA und Brasilien beteiligten sich mit landesspezifischen kulturellen Beiträgen am Jubiläum, von dem Generaldirektor Nordhoff bei seinem Auftritt den Anwesenden einen Blick in die Welt, die der Volkswagen erobert hat und weiter erobern werde, versprach. Und dieses Versprechen wurde eingelöst.
Der 1 000 000. Volkswagen war ein Fahrzeug mit einer speziellen Ausstattung. Erstmals in der Geschichte des Volkswagenwerks gab es eine goldfarben lackierte Karosserie, die die Bedeutung dieses in der europäischen Automobilgeschichte einmaligen Produktionsjubiläums unterstrich. Die Gummiteile – Fenster- und Haubendichtungen sowie die Trittbrettbeläge – wurden aus hellem Gummi angefertigt. Die Innenausstattung bestand aus in Frankreich gewebtem rotem Brokat in Jacquard-Musterung. Das Typenschild, das im vorderen Kofferraum angebracht war, war aus 333er-Gold. Neben der goldfarbenen Lackierung waren die äußeren Chromteile am auffälligsten. Sie waren mit in Idar-Oberstein geschliffenen Glas-Kristallen besetzt und verliehen diesem besonderen Jubiläumsfahrzeug ein sehr hochwertiges und exklusives Aussehen, das gewiss seinen Eindruck auf die Gäste der Jubiläumsfeier nicht verfehlte. Unter viel Beifall wurde das mit Blumen geschmückte Fahrzeug von einem Mitarbeiter der Endmontage vom Band gefahren und beim danach folgenden Fest den Besuchern mit Stolz präsentiert. Anschließend wurde es in die Fahrzeugsammlung für ein künftiges Volkswagenmuseum aufgenommen.
Nach dieser überwältigenden Feier ging man bis *1957* wieder zur Tagesordnung über, d. h., es wurden *1956* wieder einige kleinere technische und optische Veränderungen vorgenommen. Ab *10. Juli 1956* wurden alle Fahrzeuge mit schlauchlosen Reifen ausgestattet. Die Radkappen bekamen neue VW-Zeichen, die allerdings nur noch in schwarz ausgelegt waren, die Vordersitze erhielten eine um 15 Millimeter nach vorn verlängerte Sitzfläche. Die Bodenfreiheit der Export-Limousine wurde auf 155 Millimeter abgesenkt.

1955: Der Typ 14 – Das Karmann Ghia Coupé

Das Jahr *1955* zeichnete sich aber durch noch ein weiteres Highlight aus: den Produktionsstart des Karmann Ghia Coupés, *Modelle 143/144*.
Da im Februar *1953* das letzte Fahrzeug vom alten *Typ 14* – das Cabriolet von Hebmüller – produziert worden und diese Typenbezeichnung danach vakant war, konnte das Volkswagenwerk sie für ein neues Modell wieder nutzen. Die Gelegenheit kam schneller als man dachte. Bereits im Jahr des letzten Fahrzeugs vom alten *Typ 14* hatte der Karosseriebauer Karmann beim italienischen Karosserie-Designer Ghia, dessen Inhaber Luigi Segre mit Wilhelm Karmann befreundet war, ein Sportcoupé auf der Basis des Käfer-Fahrgestells in Auftrag gegeben. Der Wagen sollte sportlich sein und typisch italienische Karosserieformen bekommen. Bereits im gleichen Jahr hatten die Italiener einen Prototyp im Maßstab 1 : 1 fertig, der einer Delegation von Karmann und dem Generaldirektor des Volkswagenwerks, Heinrich Nordhoff, in Osnabrück präsentiert wurde. Alle Beteiligten waren auf Anhieb von diesem Fahrzeug und seiner Ausstrahlung begeistert. Das führte dazu, dass bereits zu diesem frühen Zeitpunkt der Beschluss gefasst wurde, diesen Wagen in Serie gehen zu lassen. Seine *Typenbezeichnung, 14,* sollte er jedoch erst bei Produktionsbeginn erhalten.
Von dieser ersten Studie bis zum Produktionsstart dauerte es aber noch bis zum *14. Juli 1955*. Diesen Zeitraum nutzte man nicht nur für kosmetische Veränderungen an der Karosserie – die erste Version war eher kantig und mit einer Scheinwerferanordnung versehen, die nicht unbedingt als harmonisch bezeichnet werden konnte. Auch das Chassis wurde verbreitert, da die Trittbretter der Limousine bei diesem Modell nicht mehr vorhanden waren, was den Fahrgästen zugutekam, die jetzt über mehr Ellenbogen-

Der erste Prototyp des Karmann Ghia Coupés Typ 14. Dieser Wagen wies noch einige Unterschiede zur Serie im Jahre 1955 auf. So fehlten z. B. die »Nasenlöcher«, die Kotflügel waren eckiger und die Scheinwerfer kleiner. (Foto: Karmann)

Auch die Heckansicht des Prototyps wies deutliche optische Unterschiede zum Serienmodell auf.

freiheit verfügten. Um ein besseres und der sportlichen Karosserie angepasstes Fahrverhalten zu erreichen, bekam das Ghia Coupé an der Vorderachse einen Drehstab-Stabilisator von zwölf Millimetern Durchmesser, der später auch der normalen Limousine spendiert wurde.

Als das neue Karmann Ghia Coupé nach zweijähriger Entwicklungszeit *1955* auf der Internationalen Automobilausstellung in Frankfurt vorgestellt wurde, stieß es bei dem allgemeinen Publikum auf genauso viel Begeisterung wie bei den Auftraggebern *1953*. Technisch basierte dieses Sportcoupé auf einem wegen des Wegfalls der seitlichen Trittbretter verbreiterten Fahrgestell des Exportmodells. Da dieses Fahrzeug unter der reaktivierten *Typenbezeichnung 14* in die VW-Typologie integriert wurde, wies das eindeutig auf seine Abstammung von der Käfer-Limousine hin. Seinem Designer Luigi Segre war mit diesem eleganten, von italienischen Stylingelementen beeinflussten Fahrzeug ein großer Wurf gelungen, der eigentlich nur darunter litt, dass seine Motorisierung mit dem zunächst serienmäßigen 30-PS-Motor nicht mit seinem flotten Aussehen mithalten konnte. Dennoch konnte man – im Rahmen der durch den Motor gesetzten Grenzen – dieses Coupé sportlich bewegen.

Die sehr niedrige, aerodynamische und formschöne Karosserie des Zweisitzer-Coupés bot an den Vordersitzen durch die volle Ausnutzung der Wagenbreite mehr Sitzraum als die Limousine. Im Fond war auf einer Sitzbank allerdings nur Platz für zwei Kinder. Die Lehne der Rücksitzbank konnte – zur Vergrößerung des nur vom Wageninneren zugänglichen hinteren Kofferraums von 180 Litern – vorgeklappt werden. Die beiden Einzelsitze waren in schräg nach vorn ansteigenden Gleitführungen in Längsrichtung und zugleich in der Höhe verstellbar. Die Sitze und Türverkleidungen wurden je nach Wunsch mit Kunstleder oder Polsterstoff bezogen. Der Boden war mit Gummimatten belegt, die Aufbauholme, das Fersenbrett, die Gepäckablage und der Kofferraum im Fond bekamen einen Bodenteppich spendiert. An beiden Türen befanden sich Türtaschen. Die Sonnenblenden waren zusammen mit dem Rückspiegel über der Windschutzscheibenmitte befestigt.

Die einen Meter breiten Türen – Halbtüren ohne Oberrahmen – ermöglichten einen bequemen Ein- und Ausstieg. Die Türfensterscheiben waren in senkrechter Richtung gebogen und legten sich geschlossen unmittelbar gegen Gummidichtungen am Aufbau. Unter der eleganten vorderen Haube befand sich neben

Das Serienmodell des Karmann Ghia Coupés war nach eineinhalbjährigen stilistischen Überarbeitungen jetzt ein Fahrzeug, das auf Anhieb die Autowelt begeisterte und vor allem bei den weiblichen Fahrern beliebt war.

dem Reserverad und dem Benzintank ein 80 Liter großer Gepäckraum. Unterhalb der waagerechten Fronthaube existierten im Frontend zwei Frischlufteinlässe, die zur Belüftung des Innenraums dienten. Die gewölbte Windschutzscheibe war um etwa 50 Grad geneigt eingebaut und besaß eine lichte Höhe von 424 Millimetern. Das ebenfalls gewölbte und um die seitliche Dachrundung greifende Rückfenster war noch stärker geneigt. Die Stoßfänger umfassten außen die Kotflügel. Sie waren verchromt, ebenso wie die Lampeneinfassungen und diverse Zierleisten. Auf dem Fahrzugbug befand sich eine blau-weiße VW-Plakette aus Email mit Chromrand, auf dem Motordeckel war der verchromte Schriftzug Karmann Ghia angebracht.

In den hinteren Kotflügeln befanden sich die kombinierten Brems-Schluss-Rückstrahler-Blinkleuchten, auf der Motorklappe war mittig eine neue breite Kennzeichenleuchte mit zwei Soffittenlampen angebaut. Die Fahrtrichtungsanzeige erfolgte durch Blinkleuchten, vorn mit gesondert unter den Scheinwerfern eingebauten Leuchten, hinten mit dem Bremslicht. Zu ihrer Bedienung gab es – analog zur Limousine – einen Hebel am Lenkrad. Die Kontrolle erfolgte über eine Leuchte im Tachometer. Damit besaß das Karmann Ghia Coupé *Typ 14* als erster Volkswagen serienmäßig statt der bei der Limousine und dem Cabrio *Typ 15* verwendeten Winker eine Blinklichtanlage.

Ein Blick auf das Armaturenbrett des Karmann Ghia Coupés.

Das im oberen Bereich gepolsterte Armaturenbrett enthielt zwei Rundinstrumente – einen Tachometer mit diversen Kontrollleuchten und eine elektrische Zeituhr –, eine verblendete Einbaumöglichkeit für ein Radio, einen Kippaschenbecher und ein mit einem Druckknopfschloss verriegelbares Handschuhfach, über dem ein Beifahrerhaltegriff befestigt war. Das Zweispeichen-Lenkrad entsprach dem der Export-Limousine. Das Zündschloss und der Starterzug lagen

links neben dem Tachometer, der Lichtschalter und der Scheibenwischerschalter rechts neben der Uhr.
Die Frischluft zur Innenraumbelüftung wurde von zwei Eintrittsöffnungen – im Volksmund Nasenlöcher genannt – in der Frontverkleidung durch Schläuche auf beiden Wagenseiten zu den Entfrosterdüsen geleitet. Klappen in den Schächten, die durch Drehknöpfe am unteren Rand der Instrumententafel getrennt für jede Seite betätigt werden konnten, erlaubten die Regulierung bzw. Absperrung der Frischluftzufuhr. Damit konnte man Warm- und Kaltluft für sich oder gemischt und auf die gewünschte Menge reguliert einströmen lassen.
Dieses elegante Fahrzeug fand vom Start weg seine Zielgruppe – vor allem bei den Damen –, und so konnte es nicht ausbleiben, dass in relativ kurzer Zeit, bereits *1957*, eine Cabrio-Version mit der Modellbezeichnung *141/142* folgte. Nach etwas mehr als einem Jahr Produktionszeit konnte bei Karmann bereits das 10 000. Coupé hergestellt werden. Knapp die Hälfte der Fahrzeuge ging in den Export, vor allem in die USA und nach Kanada.
Gegenüber der Limousine waren am Motor folgende Veränderungen vorgenommen worden: Der Motor war mit Rücksicht auf den niedrigen Motorraum mit einem hängenden Luftfilter und Ansaugkrümmer wie beim *Typ 2* ausgerüstet. Die Vergasereinstellung wurde durch die Verwendung einer Ausgleichsdüse 180 statt 195 bei der Limousine auf die geänderte Filteranordnung abgestimmt.

Die Frischlufteinlässe – Nasenlöcher – beim Karmann Ghia Coupé. Bei dem roten Fahrzeug ist der Stand von 1955 dokumentiert, bei dem in Olivmetallic das Facelift von 1969. (Fotos: Wiersch)

Das Karmann Ghia Coupé Modell 143/144 (von der Limousine abweichende Daten)	
Motor, Zusatzaggregate und Technik, Abmessungen und Gewichte	
Identisch mit Modell 113 (s. o.) mit Ausnahme:	
Vergaser	Solex 28 PICT-1 Fallstrom
Länge (mm)	4140
Breite (mm)	1634
Höhe (mm)	1330
Leergewicht (kg)	820
zul. Gesamtgewicht (kg)	1120
Höchstgeschwindigkeit (km/h)	118
Beschleunigung 0–100 (sec)	33
Verbrauch (l/100 km)	8,0

1957: Das Jahr des großen Heckfensters

1957 war wieder ein Jahr, das größere Veränderungen, die sowohl optischer als auch technischer Art waren, mit sich brachte. Die Veränderungen an Fahrgestell und Motor dienten vor allem der Zuverlässigkeit und brachten mehr Annehmlichkeiten bei der Bedienung.

Am auffälligsten an diesem Baujahr war allerdings bei den *Limousinen Typ 11* das wesentlich vergrößerte und eckige Panorama-Heckfenster, dessen freie Durchsichtsfläche um 95 Prozent vergrößert wurde. Bei der ebenfalls vergrößerten Frontscheibe – hier waren es 17 Prozent – mit einem stark erweiterten Scheibenwischerfeld – die Parkstellung der Wischer war jetzt rechts – und der geänderten Motorhaube, die für gesetzlich vorgeschriebene quadratische Kennzeichen ausgelegt war, musste man schon etwas genauer hinsehen, um den Unterschied zum Vorgängermodell zu erkennen. Die Frequenz für den Scheibenwischer wurde auf 60 Doppelwischungen pro Minute gegenüber den bisherigen 50 erhöht, was eine beträchtliche Sichtverbesserung bei Regen mit sich brachte. Die *Standard-Modelle Typ 11 A, B, E und F* bekamen jetzt den ehemals in den Export eingebauten Wischermotor mit einer Frequenz von 50 Doppelwischungen pro Minute statt des bis dahin verwendeten mit 35 Wischvorgängen. Die Vergrößerung der Windschutzscheibe erfolgte nach oben und auch zu den Seiten, da die Fenstersäulen schmaler wurden.

Die Scheiben des Cabrios wurden ebenfalls vergrößert, die Windschutzscheibe um 8 Prozent, die Heck-

Die Typ 11 Limousine bekam, neben vielen anderen technischen und optischen Veränderungen und Verbesserungen, zum zweiten Mal ein vergrößertes Heckfenster. Diesmal wuchs die Sichtfläche um ganze 95 Prozent. Das war ein gewaltiges Sicherheitsplus bei dem mittlerweile stark angewachsenen Verkehr.

Der Blick in den Innenraum zeigt eine Reihe von Veränderungen gegenüber dem Vorgängermodell. Die Instrumententafel wurde völlig neu gestaltet, die Tür- und Seitenverkleidungen waren jetzt aus praktischen Gründen komplett mit Kunststoff bezogen, ein Gaspedal hatte die bisherige Gasrolle abgelöst, das Lenkrad war neu gestaltet und, hier auf dem Foto nicht erkennbar, auch die Windschutzscheibe war nach oben und seitlich vergrößert worden.

scheibe um 45 Prozent. Die Windschutzscheibe wurde wie bei der Limousine nach oben vergrößert, die Heckscheibe rundum. Die vorderen Windlaufpfosten wurden schmaler, und die Luftschlitze in der Motorhaube waren jetzt quer angeordnet.

Auch im Innenraum tat sich einiges. Weil man wegen der Korrekturen am Vorderwagen sowieso in den Bereich der Armaturentafel eingreifen musste, wurde diese ebenfalls modernisiert. Sie bekam ein großes Handschuhfach auf der Beifahrerseite – beim Exportmodell mit Deckel, der beim Cabrio sogar abschließbar war – ein Ziergitter rechts und links vom Tacho, das auf der linken Seite für den Einbau des Radiolautsprechers vorgesehen war, und einen Schubaschenbecher an der Unterkante. Außerdem wurde die Anordnung der Bedienungsknöpfe geändert. Um eine Verwechslung zu vermeiden, lagen Licht und Scheibenwischer jetzt weiter auseinander. Das Zündschloss rückte näher zum Fahrer hin. Das Exportmodell wurde zudem durch eine waagerechte Zierleiste quer über die Armaturentafel optisch aufgewertet. Ein Gaspedal ersetzte ab *1. August 1957* die bisherige Gasrolle, die in der Vergangenheit bei den Fahrern manche rechte Schuhsohle vorzeitig verschlissen hatte. Der Gashebel wurde zugleich um 30 Millimeter weiter vorn angeordnet, der Gashebelweg um 20 Prozent auf 55 Millimeter verkürzt, und der Fußraum zwischen Bremshebel und Rahmentunnel durch eine andere Formgebung des Bremshebels und durch die Verlegung des Gaszugrohrs verbreitert. Der Innenrückblickspiegel wurde vergrößert und bekam eine asymmetrische Befestigung. Beim Standardmodell wurde lediglich das neue Gaspedal eingebaut, während Kupplungs- und Bremspedal in der alten Ausführung beibehalten wurden. Die Seitenverkleidungen im Innenraum waren nunmehr komplett mit Kunststoff bespannt. Bei den *Modellen 11 C, D, G und H* und dem *Typ 15* wurden auch die Sitzseiten, die Lehnenseiten, die Lehnenrücken und die Mittelsäulen mit Kunstleder bezogen. Der Kunststoff hatte gegenüber den bisherigen Stoffbezügen den Vorzug größerer Haltbarkeit, der Lichtechtheit und der Abwaschbarkeit. Der Aschenbecher im Fond war jetzt in der Seitenverkleidung in ein geschlossenes Gehäuse eingebaut. Er ließ sich dadurch leichter einsetzen und herausnehmen.

Durch den Einbau eines besonderen Warmluftrohrs in den Unterholmen der Limousinenkarosserie und des Cabriolets sowie durch die Verlegung der vorderen Fußraumausströmer in der Limousine und im Cabrio erreichte man eine fühlbare Verbesserung der Heizwirkung. Bei einer Fahrgeschwindigkeit von 80 km/h wurde die Temperatur der Heizluft an den Ausströmern um 20 Grad Celsius, die Innenraumtemperatur um 3 Grad Celsius gegenüber der Außentemperatur erhöht. Diese Maßnahme war beim *Coupé Typ 14* nicht nötig, da dort die Warmluftführung schon immer durch einen abgeschotteten Holmteil fast ohne Wärmeverluste geführt wurde. Die Fußraumausströmer befanden sich jetzt bei allen Modellen des *Typ 11* in größerem Abstand von der Vorderwand in der Nähe der vorderen Türsäulen.

Zum besseren Montieren und Ausleuchten des künftig gesetzlich vorgeschriebenen, zweizeiligen Kennzeichenschildes bekam auch die Motorhaube eine neue Form. Durch die Ausstattung mit einer neuen kugeligen Streuscheibe und einer Kugellampe in günstigerer Position wurde die Ausleuchtung des Kennzeichens verbessert. Das Cabrio erhielt wegen der besseren Luftzufuhr waagerechte Schlitze auf dem Motordeckel, anstelle der bisher senkrechten.

Die Luftschlitzpartie unterhalb des vergrößerten Heckfensters war jetzt breiter, aber niedriger. Das Ab-

So sah das Titelblatt des Verkaufskatalogs 1957 aus. Man konnte klar erkennen, worauf das Werk beim Käfer stolz war: auf das große Heckfenster!

deckblech innerhalb der Luftschlitze ließ die Kühlluft durch geänderte Öffnungen leichter an den Motor gelangen. Von oben durch die Außenhautschlitze eingedrungenes Wasser floss auf dem Abdeckblech nach den Seiten zu einer Rinne an der Motorraum-Vorderwand und weiter durch Schläuche zur Fahrzeugunterseite. Mit dieser Maßnahme wurde der Wassereintritt in den Motorraum auf ein Minimum reduziert. Dadurch wurde auch sichergestellt, dass der Geräuschdämpfungsbelag an den Motorraumwänden, der ab *1956* in einer verbesserten Form eingebaut wurde, nicht durch Feuchtigkeitseinwirkung unwirksam werden konnte.

Natürlich wurden die Volkswagen auch technisch weiterentwickelt. Es gab Verbesserungen an der elektrischen Anlage und am Motor, die vor allem das Starten bei niedrigen Außentemperaturen erleichterten und die Heizung wirksamer machten. Außerdem setzten diverse Maßnahmen im Kurbelgehäusebereich ein, die der Langlebigkeit des Motors zugutekamen. Wichtiger war aber, dass die Exportmodelle und das Cabrio eine leistungsfähigere und leichter zu bedienende Fußbremse bekamen. Die Bremsfläche an den Vorderrädern wurde durch eine größere Backenbreite bei gleichem Trommeldurchmesser um 38 Prozent größer. Die Bremse fasste leichter, gab eine 8 Prozent größere Maximalverzögerung und erforderte kleinere Pedalkräfte. Damit trug man, wenn auch zeitlich verzögert, der *1953* gesteigerten Motorleistung Rechnung. Diese Maßnahme hatte allerdings auch zur Folge, dass die Spurbreite vorn um 15 Millimeter auf 1305 Millimeter anwuchs, was jedoch in Bezug auf das Fahrverhalten keineswegs negativ war. Bei den *Standard-Modellen 11 A, B, E und F* wurde allerdings die alte Bremse beibehalten.

An allen Modellen des *Typ 1* wurden im Winter *1956/57* Änderungen an der elektrischen Anlage vorgenommen, die einen sicheren Start des Motors noch bei −25 Grad Celsius gewährleisteten. Zum selben Zeitpunkt eingeführte Änderungen an der Motorschmierung verhinderten Schwierigkeiten, die durch Einfrieren, Kondenswasseransammlung und Schlammbildung bei niedrigen Außentemperaturen entstehen konnten. Nicht zuletzt diente die Querschnittsvergrößerung der Hauptölbohrungen von acht auf neun Millimeter der Erleichterung des Öldurchflusses bei sehr kaltem Motor und reduzierte die Gefahr von Verstopfungen durch Eiskristalle.

Die Dauerhaftigkeit und Laufruhe des Synchrongetriebes, das in die *Exportmodelle 11 C, 11 D, 11 G und 11 H*, das *Cabrio Typ 15*, das *Coupé Typ 14* und in alle *Transporter-Modelle* eingebaut war, wurde durch den Einbau von Langrollenlagern anstelle des Rollenlagers am Hinterachsritzel und durch eine geänderte Schmierung einiger Lagerstellen verbessert. Die neuen Lager besaßen eine höhere Tragfähigkeit und waren besser gegen das Eindringen von Schmutz und Fremdkörpern geschützt.

Auch beim *Coupé Typ 14* gab es eine Reihe technischer Verbesserungen. Die Kennzeichenleuchte wurde in ihrem Aufbau verbessert, um – wie bei der Limousine – eine bessere Ausleuchtung des zweizeiligen Nummernschildes sicherzustellen. Der Blinkerschalter bekam eine automatische Rückstellung und wurde mit einer Lichthupe kombiniert, die durch Anheben des Blinkerhebels gegen das Lenkrad aktiviert wurde.

Außerdem bekam das Coupé als erstes Fahrzeug von Volkswagen eine Kraftstoffanzeige. Sie bestand aus einem Anzeigeinstrument in der Armaturentafel zwischen Tachometer und Uhr und einem Geber im Kraftstoffbehälter.

Im neu gestalteten Lenkrad ersetzte ein Signalhalbring den bisherigen Hupenknopf in der Lenkradmitte.

Die Frischbelüftung beim Coupé wurde von *Februar 1957* an durch zwei kleine Hebel unter der Instrumententafel links von der Lenksäule geregelt. Die Verstellung der Lehnenneigung der Vordersitze erfolgte im gleichen Jahr durch Verstellnocken in drei Stellungen, analog zu der Export-Limousine. Damit konnte auch bei diesen Modellen die Lehne während der Fahrt verstellt werden. Für eine Verbesserung des Sitzkomforts sorgte eine Erhöhung der Sitzpolsterung an der Sitzvorderkante. Dadurch wurde eine bessere Beinunterstützung erreicht.

Auch die Auskleidung des Kofferraums wurde aufgewertet. Sie bestand jetzt aus Velours anstelle des bisherigen Noppenteppichs.

Das VW-Zeichen in Email auf dem Fahrzeugbug wurde aus Kostengründen durch ein verchromtes Zeichen ersetzt, ohne dass dadurch die Wertigkeit des Fahrzeugs beeinträchtigt wurde. Auf Wunsch konnte man gegen Aufpreis jetzt auch für das Coupé Stoßfänger bekommen, die durch aufgesetzte Rammschutzleisten verbreitert wurden.

1957: Das Karmann Ghia Cabriolet

Am *19. September 1957* präsentierte Karmann in Osnabrück das in der Technik mit dem Coupé vollkommen identische, zweisitzige Karmann Ghia Cabriolet unter den Modellbezeichnungen:

Typ	Modell
141	Karmann Ghia Cabrio Linkslenker
142	Karmann Ghia Cabrio Rechtslenker

Der Verkaufspreis wurde auf DM 8250 festgelegt. So war das Karmann Ghia Cabrio DM 750 teurer als das Coupé.

Damit erfüllte das Volkswagenwerk den oft geäußerten Wunsch vieler Kunden, auch mit dem sportlichen Fahrzeug offen fahren zu können. Bei der Konzeption dieses Fahrzeugs konnte der Karosseriebauer Karmann seine langjährigen Erfahrungen beim Bau von Cabrios einbringen, sodass hier ein Fahrzeug entstand, das vom Start weg die Ansprüche seiner Käufer erfüllte und zum Erfolgsmodell wurde. Durch seine Zweifarbigkeit in den Kombinationen Tukanschwarz, Perlweiß, Diamantgrau, Colorado, Amazonas, Graphitsilber und Bernina jeweils mit schwarzem, hellgrauem, braunem, beigem, hellgrünem oder blauem Verdeck wurde die Eleganz dieses Fahrzeugtyps noch weiter hervorgehoben.

Um die legendäre Stabilität des *Käfer-Cabrios Modell 151/152* zu gewährleisten, mussten auch in dieses Modell umfangreiche Versteifungen am Rahmen und in der Karosserie eingeschweißt werden. Das gepolsterte, mehrlagige Verdeck war genauso aufwendig wie das des Käfer-Cabrios. Neu war allerdings, dass es sich im aufgeklappten Zustand vollständig in die Karosserie versenken ließ, allerdings zu Lasten der hinteren Notsitze.

Das Karmann Ghia Cabrio übernahm gleich die Verbesserungen des Coupés. Dazu gehörte die veränderte Kennzeichenleuchte zur besseren Ausleuchtung der zweizeiligen Nummernschilder ebenso wie der Blinkerschalter, der jetzt serienmäßig mit automatischer Rückstellung ausgestattet war. In den Blinkerhebel integriert war die Betätigung der Lichthupe, dazu zog man den Hebel in Richtung Lenkrad. Der Signalhalbring ersetzte auch beim *Modell 141/142* den bisherigen Hupenknopf in der Lenkradmitte. Außerdem war bei beiden Modellen in der Instrumententafel jetzt zwischen Tachometer und Uhr eine Kraftstoffvorratsanzeige eingebaut. Die Frischbelüftung wurde auch beim Ghia Cabrio durch zwei kleine Hebel unterhalb der Armaturentafel links von der Lenksäule geregelt. Entfrosterdüsen unterhalb des Rückblickfensters sorgten für eine weitgehend beschlagfreie Heckscheibe. Die neu geformten Sonnenblenden waren den Fenster- und Dachkonturen besser angepasst und aus undurchsichtigem, elastischem Kunststoff hergestellt. Eine zwölf Millimeter dicke Glaswollmatte zwischen Motorraum-Rückwand und Fahrzeug-Innenraum sorgte für eine Abschirmung der Motorgeräusche. Diese Maßnahme wurde zusätzlich durch den Einbau eines imprägnierten Filzbelags mit einer Schallschluckauflage auf den hinteren Radkästen unterstützt.

Das VW-Zeichen in Email auf dem Wagenbug wurde durch ein verchromtes Zeichen ersetzt. Als Option waren jetzt wie beim Coupé auch beim Ghia Cabrio Stoßfängerhörner lieferbar.

Der Karmann Ghia sah als Coupé und als Cabriolet gleichermaßen gut aus.

1958, 1959, 1960: Kleine Detailverbesserungen und ein leistungsstärkerer Motor

Die Limousine und das Cabriolet

1958 passierte mit den *Limousinen Typ 11* und dem *Cabrio Typ 15* nicht viel. Wozu auch? Die Verkaufszahlen stiegen, und man war der Meinung, dass der Volkswagen in jeder Hinsicht dem technischen Stand der Zeit entsprach. So bekamen die Fahrzeuge lediglich einen größeren Außenspiegel ohne Hutmutter und das Cabrio eine Innenausstattung mit Garderobenhaken. Die Scheibenräder für das Cabrio, das Ghia Coupé und das Ghia Cabrio wurden für alle zehn Farbkombinationen in Perlweiß lackiert.

1959 waren die Verbesserungen schon etwas zahlreicher, meist aber technischer Art. Die Karosserie wurde unverändert weiter produziert.

Die Motor-Getriebe-Antriebseinheit wurde um zwei Grad nach vorn geneigt eingebaut, wodurch der Drehpunkt der Pendelachse um 15 Millimeter tiefer gelegt werden konnte. Die Vorderachse bekam ab *August 1959* einen zusätzlichen Stabilisator. Die Hinterachsfederung wurde weicher abgestimmt. Das führte zu einer spürbaren Verbesserung der Fahreigenschaften.

Außerdem wurde der Wärmewert der Zündkerzen auf 175 umgestellt, der Vergaser Solex PCI 28 wurde geändert und mit einem Zündverteiler mit Unterdruckverstellung kombiniert. Für eine bessere Bordnetzleistung lieferte die Lichtmaschine jetzt 180 Watt.

Im Innenraum der Fahrzeuge fielen die nachfolgenden Veränderungen auf, allerdings nur beim Export-Modell und im Cabrio: Die Armlehne rechts verfügte über eine Griffmulde, der Winkerschalter war aus flachem Kunststoff, das Lenkrad hatte eine versenkte Nabe und einen Hupenring, die Zierleisten auf den

Die Baujahre 1957 und 1958 unterschieden sich kaum voneinander. Äußerlich wurde lediglich der Spiegel vergrößert und die Hutmutter, mit der er befestigt war, entfiel.

Seitenverkleidungen im Innenraum entfielen und die Sonnenblende war jetzt gepolstert, dafür aber nicht mehr transparent.
Unter der hinteren Sitzbank wurden zur Geräuschdämpfung zwei senkrechte, mit Kunststoff bezogene Trennwände eingebaut. Sie verschlossen die Öffnung unterhalb der Sitzbank, die bei den Vorläufermodelljahren die Motorgeräusche in das Wageninnere eindringen ließen.
Der Sicherheit dienten die neuen Türschlösser mit Drucktasten. Zur Erhöhung der Einbruchsicherheit wurden die Vorreiber für die Drehfenster und die inneren Schenkel des Lagerbügels verstärkt. Der Drehfensterrahmen wurde geändert.
Bei den Transporter-Modellen kam ab *Mai 1959* ein neuer Motor mit einer Leistung von 34 PS zum Einsatz, der im Jahr darauf auch dem *Typ 1* in allen Modellen zu besseren Fahrwerten verhalf.
1960 gab es für das Volkswagenwerk ein entscheidendes unternehmenspolitisches Datum. Am 22. August wurde die Volkswagenwerk GmbH in die Volkswagenwerk AG umgewandelt. 40 Prozent des Kapitals blieben bei der Bundesrepublik und dem Land Niedersachsen, 60 Prozent wurden als Volksaktien veräußert.
Bei den Fahrzeugen gab es ab dem Modellwechsel am *1. August* für alle Typen alternativ zu dem 30 PS-Motor ein Aggregat mit 34 PS. Der Motor besaß erstmals eine Startautomatik anstelle der von Hand durch einen Choke zu bedienenden Starterklappe. Diese Startautomatik wurde über einen Thermostat und der Zündverteiler durch Unterdruck im Ansaugrohr gesteuert. Die höhere Motorleistung von 4 PS wurde hauptsächlich durch eine Anhebung der Verdichtung von 1:6,6 auf 1:7,0 erreicht. Zur Verbesserung der Betriebsverhältnisse bei kaltem Motor wurde diesem warme Ansaugluft zugeführt, die dem linken Heizkörper entnommen und durch einen flexiblen Schlauch sowie einen Ansaugstutzen dem Ölbadluftfilter des Vergasers zugeleitet wurde.
Der neue Motor hatte die folgenden technischen Daten:

Motor 34 PS	
Bauart	Vierzylinder-Boxermotor, zweigeteiltes Kurbelgehäuse aus Magnesium-Legierung
Kühlung	Luft, Gebläse
Hubraum (cm³)	1192
Bohrung (mm)	77
Hub (mm)	64
Leistung (PS/kW)	34/25 bei 3600 U/min
Drehmoment (Nm)	82,4 bei 2000 U/min
Kompression	1:7,0
Drehzahl (1/min)	3600
Anordnung der Ventile	hängend, Stoßstangen und Kipphebel, zentrale Nockenwelle, Antrieb durch Stirnräder
Kurbelwellenlager	4
Vergaser	Solex 28 PICT (beim VW 1200 Export und Typ 14 Ghia mit Startautomatik)
Kraftstoffanlage	mechanische Pumpe
Zündfolge	1-4-3-2
Höchstgeschwindigkeit (km/h)	VW 1200 A: 112, VW 1200 Export: 115
Beschleunigung 0–100 km/h (sec)	VW 1200 A: 38, VW 1200 Export: 33
Verbrauch (l/100 km)	VW 1200 A: 8, VW 1200 Export: 8,5

Außen gab es bei der Limousine und dem Cabrio Typ 15 zwischen den Baujahren 1958 und 1959 keine Unterschiede.

Neu war auch das Getriebe des *Typ 1* mit einem einteiligen Gehäuse sowie sperrsynchronisierten und nadelgelagerten Vorwärtsgängen. Mit dieser Vollsynchronisierung war auch das Herunterschalten in den ersten Gang während der Fahrt einfacher geworden. Auch der Anlasser wurde geändert: Eingebaut wurden wahlweise der EED 0,5/6 L 49 oder der EEF 0,5/6 L 1, beide von Bosch.
Auch die Lenkung wurde modernisiert. Die bisher eingebaute Spindellenkung wurde durch eine Schneckenlenkung abgelöst. Die Zahl der Lenkradumdrehungen von Anschlag zu Anschlag betrug jetzt 2,7.
Das zulässige Gesamtgewicht wurde für alle Modelle auf 1140 Kilogramm erhöht, der Wendekreis konnte durch eine neue Vorderachsgeometrie auf 11,2 Meter verringert werden.
Optisch erkennbar war das neue Modelljahr sofort an den schmalen Blinkleuchten vorn, die die bisherigen Winker als Fahrtrichtungsanzeiger ablösten, sowie an den farblich abgestimmten Kotflügelkedern. Das Abblendlicht wurde für eine bessere Fahrbahnausleuchtung asymmetrisch. So blieb auch bei abgeblendeten Scheinwerfern der rechte Straßenrand ausreichend ausgeleuchtet. Die hinteren Blinker wurden in einem Gehäuse mit dem Brems- und Rücklicht untergebracht.

Innen gab es einen Unterschied zwischen den Modelljahren: das neue Lenkrad mit dem Hupen-Halbring.

Die Käfer-Limousine und das Cabrio des Baujahrs 1960 waren äußerlich auf den ersten Blick an ihren Blinkern auf den vorderen Kotflügeln erkennbar, die die bisherigen Winker in der B-Säule ablösten. Weniger auffällig waren die vielen anderen kleinen Verbesserungen und der 34-PS-Motor.

Der Tachometer bekam wegen der gestiegenen Motorleistung einen Geschwindigkeitsbereich bis 140 km/h, die roten Schaltmarkierungen entfielen. Der Chokezug neben dem Schubaschenbecher in der Armaturentafel entfiel wegen des Vergasers mit der Startautomatik. Jetzt bekam auch der Beifahrer serienmäßig eine Sonnenblende sowie einen Haltegriff. Die Kleiderhaken an den B-Säulen wurden aus Sicherheitsgründen aus Plastik hergestellt.

In allen *Typ 1* wurde eine Scheibenwaschanlage eingebaut. Die Zugpumpe war mit dem Zugschalter für den Scheibenwischer kombiniert, die Düsen befanden sich unmittelbar vor der Windschutzscheibe in der Fahrzeugmitte auf dem Windlauf, der durchscheinende Wasserbehälter mit etwa einem Liter Fassungsvermögen lag unter der vorderen Haube hinter dem Reserverad.

Das kombinierte Zünd-Anlassschloss hatte eine Sperrvorrichtung, die ein wiederholtes Betätigen des Anlassers beim Startvorgang erst nach Ausschalten der Zündung ermöglichte.

Weil die Ansprüche der Kunden an den Gepäckraum gestiegen waren, entschloss sich das Werk wegen des wachsenden Wettbewerbs, den Kundenwünschen nachzukommen. Durch einen neu gestalteten Treibstofftank erhöhte sich das Volumen des vorderen Gepäckabteils von 85 auf 140 Liter. In Rahmen dieser Maßnahmen wurde auch der Einfüllstutzen auf die linke Seite verlegt.

Bei den *Karmann Ghia Typ 14-Modellen* wurde ab März 1960 der Außenspiegel geändert. Er war jetzt ohne Kunststoff-Einfassung und besaß ein größeres Blickfeld.

Beim *Typ 2* wurden als optisch sichtbare Veränderung die sogenannten »Warzen-Blinkleuchten« eingeführt. Damit erhöhte sich auch bei diesem Fahrzeugtyp die Sichtbarkeit beim Anzeigen des Fahrtrichtungswechsels.

Das Karmann Ghia Coupé und Cabriolet

Bei den vier *Karmann Ghia-Modellen* des *Typs 14* gab es im *August 1959* ebenfalls einige optische Retuschen. Die Scheinwerfer wurden größer und höher gesetzt. Dadurch und durch die größeren Kotflügelausschnitte ergaben sich für die vorderen Kotflügel neue Konturen. Die Lufteinlassöffnungen im Frontend wurden vergrößert und erhielten zusätzliche Chrom-Zierleisten. Die zwei bisherigen Schlusslichter waren jetzt als eine Dreikammerleuchte mit Blink-, Brems- und Schlusslicht ausgeführt. Die hinteren Seitenfenster waren jetzt aufstellbar. Die Schalttafelkante war gepolstert und der Beifahrerhaltegriff aus flexiblem Material hergestellt. Die bisherigen transparenten Sonnenblenden wurden durch gepolsterte ersetzt. Alle *Karmann Ghia-Modelle* erhielten ein neues Zweispeichen-Lenkrad mit einem halbringförmigen Bügel als Hupe. Serienmäßig waren ab diesem Zeitpunkt auch eine Scheibenwaschanlage, Lichthupe und neue, größere Mehrkammer-Rückleuchten. Beim Ghia Cabrio war die Rückwandbahn des Verdecks mit dem Fenster jetzt austauschbar. Das sparte Reparaturkosten.

Die Vordersitz-Rückenlehnen waren leicht gewölbt, sodass Fahrer und Beifahrer einen besseren Seitenhalt hatten. An der Fahrertür befand sich eine Armlehne, auf der Beifahrerseite eine schräge Fußablage. Die Öffnungen unterhalb der hinteren Sitzbank wurden mit Fersenbrettern verschlossen.

Das bisher blaue VW-Zeichen auf dem vorderen Deckel wurde schwarz.

Von der ersten Karosserieform wurden bis *August 1959* etwa 58400 Fahrzeuge hergestellt. Von der zweiten Karosserieform, die anschließend mit nur leichten Veränderungen auf den Markt kam, wurden insgesamt 290646 Einheiten gebaut. Sie unterschieden sich optisch im Wesentlichen durch drei verschiedene Armaturentafeln, durch ihre höher liegenden Scheinwerfer und durch die vergrößerten »Nasenlöcher«. Technisch wurden sie stets den Entwicklungen der Export-Limousine angepasst, d. h. ihre Motorleistung stieg schließlich bis auf 50 PS (37 kW).

So sahen die Prospektzeichner das Facelift des Karmann Ghia Coupés 1959.

1961: Der Typ 3, Volkswagen 1500/1600

Während, wie noch zu zeigen sein wird, die Modellpflegemaßnahmen *1961* an den schon länger in Produktion befindlichen Modellen relativ bescheiden ausfielen, verschaffte sich das Volkswagenwerk durch die Markteinführung des *Typ 3*, des Volkswagen 1500/1600, mit den Modellvarianten

311–318 Stufenheck
311–314 Fließheck
343–346 Karmann Ghia 1500
361–368 Variant

den Einstig in das heiß umkämpfte, wachsende Marktsegment der Mittelklasse, das bis zu diesem Zeitpunkt weder durch den *Typ 1* noch durch die *Typ 2 Personentransporter* abgedeckt wurde. In der Mittelklasse war dem Unternehmen ein Wettbewerb herangewachsen, der nicht unterschätzt werden durfte. Die Kunden hatten zu Beginn der *1960er-Jahre* mehr Geld für Autos zur Verfügung, da die Grundbedürfnisse des Lebens in den vergangenen 15 Jahren nach Kriegsende durch entsprechende Anschaffungen abgedeckt worden waren. Diese Lücke im Modellprogramm füllten Wettbewerber wie Opel, Ford, Borgward und andere durch ihre Modelle aus. Das Volkswagenwerk war also gefordert.

Das neue Fahrzeug war im Hinblick auf die Hauptbaugruppen (Aufbau, Fahrgestell, Motor) eine völlige Neukonstruktion, deren Basis jedoch das bisherige, erfolgreiche technische Konzept der Luftkühlung, des Hinterradantriebs durch einen Boxermotor – jetzt allerdings als Flachmotor – im Fahrzeugheck und der Plattformrahmen mit unabhängig aufgehängten Rädern war. Der Motor ermöglichte wegen seiner niedrigen Bauweise sogar einen Kofferraum im Fahrzeugheck und beeinflusste die Proportionen der Karosserie und des Innenraums. Das Fahrzeug beanspruchte aufgrund seiner Bauweise eine im Verhältnis zu seinem Innenraum geringe Verkehrsfläche.

Die charakteristischen Daten des neuen Volkswagens *Typ 3*, Modelle *VW 1500 Limousine, VW 1500 Variant und VW Karmann Ghia 1500* lauteten:

Nicht als Serienfahrzeug, aber als Prototyp gab es den VW 1500 auch viertürig. Gegenüber dem zweitürigen Serienwagen sah diese Version etwas unproportioniert aus. Vor allem der hintere Überhang war etwas zu lang geraten.

VW Typ 3	
Motor	**Vierzylinder-Boxermotor Zweigeteiltes Kurbelgehäuse aus Elektron**
Bauart	4-Zylinder-Boxermotor (flache Bauart)
Kühlung	Luft, Gebläse
Hubraum (cm^3)	1493
Bohrung (mm)	83
Hub (mm)	69
Leistung (PS/kW)	45/33
Drehmoment (Nm)	105,9 bei 2000 1/min
Kompression	1:7,5
Drehzahl (1/min)	3800
Kurbelwellenlager	4
Vergaser	Solex 32 PHN-1 Flachstromvergaser mit Startautomatik
Ventile	hängend, Stoßstangen und Kipphebel, zentrale Nockenwelle, Antrieb durch Stirnräder
Kraftstoffanlage	mechanische Pumpe
Zündfolge	1-4-3-2
Zusatzaggregate und Technik	
Anlasser	0,6 PS
Lichtmaschine	200 W
Kupplung	Einscheibentrockenkupplung
Getriebe	4 Gang
Anzahl der Gänge	4 V, 1 R, vollsynchron
Antrieb	Hinterrad
Vorderachse	Einzelrad
Vorderradaufhängung	Kurbellenker oben und unten, 2 gekreuzte Federstäbe quer, Drehstab-Stabilisator
Hinterradaufhängung	Pendelachse, Längslenker, 2 Federstäbe quer (Variant mit erhöhter Nutzlast ab 1962: zusätzlicher Federstab über der Hinterachse)
Federung	vorn/hinten Drehstäbe
Lenkung	Schnecke (14,9:1) 2,8 Lenkradumdrehungen
Bremsen	hydraulisch, Trommel, 830 cm^2 Bremsfläche, auf 4 Räder wirkend (ab August 1962: 880 cm^2 Bremsfläche)
Handbremse	Seilzug, auf Hinterräder wirkend
Felgenart	Scheibenräder 4,5 J × 15

Abmessungen und Gewichte			
Reifengröße	6,00-15 L (Variant mit erhöhter Nutzlast: 6,00-15 L 6 PR)		
Spur vorn/hinten (mm)	1310/1346		
Radstand (mm)	2400		
Länge (mm)	4225 (VW Karmann Ghia 1500: 4280)		
Breite (mm)	1605 (VW Karmann Ghia 1500: 1620)		
	Limousine	Variant	VW Karmann Ghia 1500
Höhe (mm)	1475	1465	1335
Wendekreis (m)	11,3		11,4
Höchstgeschwindigkeit (km/h)	130		137
Beschleunigung 0–100 km/h(sec)	24,5		22,5
Gesamtgewicht (kg)	880	910	910
Zul. Gesamtgewicht (kg)	1250	1360	1250
Tankinhalt (l)	40		
Verbrauch (l/100 km)	10		

Der neue VW 1500, der intern auch Typ 3 genannt wurde, war ein elegantes, aber schnörkelloses Fahrzeug, dessen Karosserie in die Zeit passte. Durch seine Pontonform besaß er zwei getrennte Kofferabteile, jeweils eines unter der vorderen Haube und eines oberhalb des Flachmotors im Heck. Damit stand den vier bis fünf Passagieren für damalige Verhältnisse ausreichend Gepäckraum zur Verfügung.

Der Motor war so konzipiert, dass er eine möglichst geringe Bauhöhe beanspruchte. Voraussetzung dafür war, dass die Nebenaggregate wie Gebläse, Ölkühler, Vergaser, Luftfilter und Lichtmaschine so angeordnet waren, dass sie keinen nennenswerten Nutzraum mehr beanspruchten. Dazu wurde das Gebläse auf der Kurbelwelle gelagert, was zudem noch den Vorteil hatte, dass die Drehzahlen gemindert und damit die Motorgeräusche reduziert werden konnten. Auch das Gebläsegehäuse, das aus Druckguss bestand, trug seinerseits zur Geräuschminderung bei. Außerdem war durch die neue Gebläseanordnung eine gleichmäßige Wärmeabfuhr für beide Motorseiten erreicht worden. Die Kühlluft wurde durch ein angeflanschtes, abgedichtetes Blechgehäuse und durch Schächte in der Karosserie von außen angesaugt, sodass eine Verunreinigung weitestgehend ausgeschlossen war. Während bei den Limousinen, *Modelle 311–318,* die Luftansaugschlitze für die Motorkühlung wie beim *Typ 1* unterhalb der Heckscheibe angebracht waren, lagen sie beim Variant, *Modelle 361–368,* konstruktionsbedingt in den hinteren Kotflügeln.

Anstelle des beim *Typ 1 und 2* gebräuchlichen Fallstrom-Vergasers kam beim *Typ 3* ein Flachstrom-Vergaser zum Einsatz, bei dem aber nach wie vor ein Gefälle der Gassäule in Ansaugrichtung bestand. Die Vorwärmung des Ansauggemischs wurde thermostatisch geregelt. Der Ölbad-Luftfilter wurde der Flachbauweise des Motors angepasst, die wärmeisolierte Kraftstoffpumpe war immun gegen Dampfblasenbildung.

Das unterquadratische Hub-Bohrungs-Verhältnis des Flachmotors entsprach fast genau dem des 34-PS-Motors im *Typ 1 und 2*. Trotz der leicht angestiegenen Höchstleistungs-Drehzahl blieb die mittlere Kolbengeschwindigkeit relativ niedrig. Das war eine Garantie für die Langlebigkeit dieses Aggregats.

Auch von hinten war der VW 1500 ein für die damalige Zeit gelungenes Fahrzeug.

Die Limousine und der Variant

Grundsätzlich griff man beim *Typ 3* auf die bewährten konstruktiven Details des *Typ 1* zurück, d. h. auf den Plattformrahmen, die Einzelradaufhängung, den Einbau des Motors im Heck mit dem Antrieb auf die Hinterräder sowie die Luftkühlung des Motors. Im Detail war der Wagen aber eine völlige Neukonstruktion.

Grundsätzlich unterschieden sich das vollsynchronisierte Getriebe und der Achsantrieb nicht vom *34-PS-Typ 1.* Die Gänge wurden wie bei diesem durch eine Gestängefernschaltung mit Kugelschaltung in der Wagenmitte betätigt. Alle vier Vorwärtsgänge waren schrägverzahnt und standen im ständigen Eingriff. Der Rückwärtsgang war geradeverzahnt mit einem Schieberad und Dauereingriff. Neuartig war aber bei allen *Typ 3-Modellen* die Zusammenfassung von Motor und Getriebe in einem als Fahrschemel ausgebildeten Hilfsrahmen. Der Vorteil dieser Konstruktion bestand nicht nur in den günstigen Ausbau- und Reparaturmöglichkeiten, sondern gleichzeitig in einer Isolierung des Wagenaufbaus, einerseits gegen Schwingungen, andererseits gegen Fahrbahngeräusche. Außerdem gewährleistete diese Konstruktion auch eine gewisse Nachgiebigkeit gegen Querrillenstöße. Diese Ergebnisse wurden durch die Verwendung von Gummielementen zwischen Fahrzeugrahmen und Fahrschemel erreicht. Groß dimensionierte Gummi-Federelemente unterstützten durch weiches Abfangen extremer Federungsausschläge die auch in diesem Typ eingebaute Drehstabfederung der hinteren Pendelachse. Hier hatte man einen hohen Aufwand betrieben.

An der Vorderachse blieb ebenfalls die vom *Typ 1* bekannte Drehstabfederung erhalten, dennoch war die Achse eine völlige Neukonstruktion. Die Achsenden waren jetzt in Gummi gelagert, was ähnliche wie beim Fahrschemel beschriebene Effekte hervorrief. Die Dämpfung der Laufgeräusche wurde verbessert, und die Querrillenstöße wurden weniger auf die Bodengruppe und Karosserie übertragen. Die Drehstäbe waren jetzt gekreuzt und endeten nicht mehr in der Mitte des Achskörpers, sondern gingen von der einen bis zur anderen Seite durch. Die gegenüber dem *Typ 1* doppelte Federstablänge ermöglichte eine weichere Abfederung des Fahrzeugs. Wie an der Hinterachse, waren auch hier jeweils oben und unten liegende, progressiv wirkende Gummi-Federelemente zur dämpfenden Begrenzung der Ein- und Ausfederung vorhanden.

Zur aktiven Sicherheit erhielt der *Typ 3* eine sogenannte Duplexbremse mit je einem Bremszylinder pro Bremsbacke. Das hatte zur Folge, dass beide Bremsbacken als Auflaufbacken arbeiteten, wodurch ihre Wirksamkeit erhöht wurde.

Die Limousine besaß eine moderne, aber ohne modische Extravaganzen gestaltete zweitürige Pontonform, die die Ausnutzung der vollen Wagenbreite für die Fahrzeuginsassen ermöglichte. Der Ganzstahlaufbau mit dem nach vorn abfallenden Vorderteil und dem abgestuften Heck wurde auf den Rahmen aufgesetzt, mit der Rahmenplattform verschraubt und durch Gummidichtungen abgedichtet. Hier war das Bauprinzip des *Typ 1* beibehalten worden, weil es sich als gut herausgestellt hatte.

Der Boden war im Innenraum mit Gummimatten ausgelegt, das Dach und die Seitenteile des Innenraums waren, unter Verwendung von abwaschbarer Kunststofffolie, hell und freundlich bespannt.

Erstmals gab es auch einen Kombi, »Variant« genannt – *Modelle 361–368* –, der wie die Limousine oberhalb der Vorderachse einen Kofferraum mit einem Volumen von 180 Litern besaß, in dem wie bei der Limousine das Reserverad stehend vor der Vorderachse untergebracht war. Hinter der Rücksitzbank befand sich eine Ladefläche. Der Aufbau entsprach bis zur B-Säule im Wesentlichen dem der Limousine. Dahinter folgte ein drittes Seitenfenster, und das Dach wurde waagerecht bis zum Fahrzeugheck weitergeführt. Das Heck selbst war ein Steilheck mit einer tief herabreichenden, am Dachholm angeschlagenen Klappe, die eine bequeme Beladung des Frachtraums ermöglichte. Die Ladefläche konnte durch das Umlegen der Rücksitzlehnen noch einmal beträchtlich vergrößert werden.

Der Innenraum des *VW Typ 3* war geschmackvoll gestaltet und bot fünf Personen Platz. Der Sitzkomfort wurde durch Armlehnen an beiden Türen und den hinteren Seitenteilen sowie bei Besetzung mit vier Personen durch eine herausklappbare Mittelarmlehne zwischen den Rücksitzen großgeschrieben.

Die oben gepolsterte Armaturentafel besaß drei Anzeige-Instrumente – einen Tachometer mit Kilometeranzeige, eine Kraftstoffanzeige sowie eine Zeituhr –, in die die Kontrollleuchten für die Ladekontrolle, den

Erstmals gab es im Modellprogramm des Volkswagenwerks einen Mehrzweck-Pkw, den VW 1500 Variant. Er war sowohl für fünf Personen plus Gepäck geeignet als auch zum Transport mittelgroßer Gegenstände auf der Ladefläche, die durch Umlegen der hinteren Sitzlehne noch vergrößert werden konnte.

Öldruck, die Blinker, das Fernlicht und das Standlicht integriert waren. Die entsprechenden Schalter waren in einer sogenannten Drucktasteneinheit zusammengefasst, wobei im Einzelnen durch Symbolzeichen unterschieden wurde. Diese Anordnung ergab eine griffgünstige Lage und eine übersichtliche Instrumententafel.

Sämtliche Fensterscheiben bestanden aus Sicherheitsglas. In den Türen sorgten Kurbelfenster mit zusätzlichen Drehflügeln für eine zugfreie Belüftung, hinten gab es Schwenkfenster. Eine Frischluftanlage mit je zwei Austrittsdüsen an der Windschutzscheibe und im vorderen Fußraum wurde – einschließlich der Heizung – durch drei Hebel am Armaturenbrett gesteuert. Zur besseren Scheibenentfrostung der Windschutzscheibe besaß der VW 1500 in der Mitte der Armaturentafelablage eine weitere Warmluftdüse. Die Feinregulierung der Heizung erfolgte über einen Drehknopf vor den Vordersitzen.

Für die passive Sicherheit der Insassen waren die Lehnen der vorderen Sitze in der senkrechten Stellung automatisch verriegelt, Schalttafel und Sonnenblenden waren gepolstert, der Beifahrer-Haltegriff war flexibel, ebenso wie die Kleiderhaken. Die inneren Türgriffe waren versenkt eingebaut, es gab Haltevorrichtungen für Sicherheitsgurte, der Griff für das Kurbel-Schiebedach war versenkt, und das Sicherheits-Lenkrad besaß eine tief liegende Nabe.

Als Lenkung erhielt der *VW 1500* eine Schneckenrollen-Lenkung, die gegenüber der bisher im Käfer eingebauten Spindellenkung – 1961 bekam allerdings auch der Käfer diese modernere Lenkung – geringere Bedienungskräfte erforderte, während die Rückstellkräfte höher waren. Außerdem war die neue Lenkung verschleißfreier.

Vom *Typ 1* übernommen wurden die 15 Zoll-Felgen, die nicht nur fahrtechnische Vorteile mit sich brachten, sondern auch eine günstigere Auslegung der Bremsen erlaubten. Durch den größeren Radumfang kam es an den Rädern zu einer geringeren Umdrehungszahl pro Kilometer. Das senkte den Reifenverschleiß. Die Reifen selbst waren sogenannte Niederquerschnittsreifen, die den Vorteil höherer Stabilität und Kurvenunterstützung besaßen. Die Bereifung mit 6,00 × 15 war größer als normalerweise in dieser Klasse üblich.

Selbstverständlich verfügte der *VW Typ 3* über asymmetrisches Abblendlicht zur besseren Ausleuchtung der Fahrbahn. Die Rückleuchten waren in Dreikammer-Ausführung gebaut, sodass jede Funktion – Blinker, Schlusslicht, Bremslicht – über eine eigene Glühbirne verfügte. Unterhalb dieser Leuchteneinheit

waren die Rückstrahler in einem separaten Gehäuse eingebaut. Die Kennzeichenleuchte wurde in den Kofferraum-Deckelgriff integriert.
Wie schon beim *Typ 1* war man bei Volkswagen der Meinung, dass man auch mit dem *Typ 3* die Tradition der Volkswagen-Cabrios übernehmen sollte. So entwickelte Karmann ein *VW 1500 Cabrio,* das ebenfalls 1961 präsentiert wurde. Leider stellte sich heraus, dass dieses formschöne Fahrzeug in der präsentierten Form nicht verwindungssteif war und erhebliche Versteifungsmaßnahmen erforderte, um es serienreif zu machen. Das hätte die Herstellungskosten in eine Höhe getrieben, die den geplanten Verkaufspreis dermaßen angehoben hätte, dass man sich dann keinen Markterfolg mehr versprach. So blieb es bedauerlicherweise bei einer Prototypenserie von 30 Exemplaren, die an bestimmte Großhändler zur Eigennutzung abgegeben wurden.

Das VW 1500 Cabrio machte sowohl geschlossen, besonders aber im offenen Zustand einen guten Eindruck. Wenn der Museumswagen heute bei Oldtimer-Veranstaltungen gezeigt wird, erregt er immer noch viel Aufsehen.

Der VW Karmann Ghia 1500

Dieses Coupé, das technisch mit der Limousine und dem Variant identisch war und sich lediglich durch seine Karosserie, Abmessungen und Gewichte von diesen unterschied, hatte einen zweitürigen Ganzstahl-Aufbau in strömungsgünstiger Pontonform. Zusammengesetzt und verschweißt war der Aufbau aus dem Kasten-Vorderteil mit den an die Querwand angeschweißten Scharniersäulen, den inneren Seitenteilen und den Radhäusern sowie dem Kasten-Hinterteil aus Kofferboden, Motorauflage, Radhäusern und inneren Seitenteilen. Die Kotflügel waren Teile der Außenhaut und mit dieser fest verbunden. Die Verbindung von Kasten-Vorder- und -Hinterteil erfolgte durch zwei kräftige untere Längsholme in Kastenquerschnitt und seitliche Dachholme. Durch diese Struktur war das Fahrzeug in den Fahrgastraum und in die durch Deckel zugänglichen Gepäckräume, die im Vorder- und Hinterteil lagen, aufgeteilt. Der Wagen hatte in der Volkswagen-Typologie die *Modell-Nummern 343–346*.

Die Türen waren 1073 Millimeter breite Halbtüren ohne Oberrahmen, die mit innen liegenden Scharnieren an den vorderen Aufbausäulen angeschlagen waren. Gegen die Karosserie abgedichtet wurden die Türen durch Lippenprofile an Windschutz- und Schlosssäule sowie an der Tür.

Die Windschutzscheibe war um 42 Grad geneigt eingebaut und besaß eine lichte Breite von 1270 Millimetern und eine Höhe von 540 Millimetern. Darunter befand sich als tragendes Element die Instrumententafel mit einer gepolsterten Abdeckung auf Ober- und Unterkante als Blend- und Unfallschutz. Vor dem Fahrer waren drei Zentralinstrumente eingebaut: links ein Kraftstoff-Vorratsanzeiger mit Kontrollleuchten für den Öldruck, die Batteriespannung und das Licht, in der Mitte der Tachometer mit der Kilometeranzeige und der Blinkerkontrolle, rechts eine Zeituhr. In der Mitte der Instrumententafel war ein Einbauraum für ein Radio vorgesehen, der mit einer Blende verdeckt war; darunter befand sich ein Schubaschenbecher und rechts daneben eine Lautsprecher-Öffnung, die mit einer Blende verdeckt war. Der Handschuhkasten mit Klappe auf der Beifahrerseite besaß einen Druckknopfverschluss und war mit einem separaten Schlüssel abschließbar.

Das gewölbte, um die seitliche Dachrundung greifende Heckfenster war um 33 Grad geneigt, besaß eine Breite von 1280 Millimetern und eine Höhe von 600 Millimetern.

Die Innenausstattung bestand aus einem vorgeformten Teppich auf dem Tunnel, der Vorderwand und den vorderen Seitenwänden. Mit Teppich waren auch die Aufbaulängsträger verkleidet und die Fersenbretter unter den Hintersitzen. Auf dem Boden lagen Gummimatten.

Für die passive Sicherheit der Fahrzeuginsassen

Das VW 1500 Coupé hatte, im Vergleich zum kleinen Ghia Coupé, etwas barockere Formen, die dem damaligen Zeitgeschmack geschuldet waren. Die Sicken, die die Karosserieform akzentuierten, waren jedoch nicht jedermanns Sache. Nicht zuletzt deswegen blieben die Verkaufszahlen weit hinter denen des Typ 14 zurück.

waren Grundplatten zur Befestigung für Sicherheitsgurte für die Vordersitze eingeschweißt. Die Gurte selbst gab es jedoch nur als aufpreispflichtige Option. Die Anschlagpunkte befanden sich unter dem hinteren Seitenfenster. Der Innenspiegel und die gepolsterten, schwenkbaren Sonnenblenden waren oben am Windschutzscheibenrahmen in der Fahrzeugmitte so angebracht, dass sie bei einem Unfall ein möglichst geringes Verletzungsrisiko mit sich brachten.

Das Dach, die Dachholme und die Innenbleche um das Rückfenster waren mit Kunstleder verkleidet. Das Türunterteil war mit Stoff bezogen. Es gab große, auf die Tür aufgesetzte Armlehnen. Der Rückspiegel und die seitlich schwenkbaren, gepolsterten Sonnenblenden für Fahrer und Beifahrer waren in der Wagenmitte lösbar und am Dachpfosten fest gelagert.

Großen Wert legten die Konstrukteure auf die Reduzierung der Innengeräusche. Rückwände und Radhäuser waren vom Motorraum durch Dämpfungsbelag abgeschirmt. Außerdem erhielten der Kofferboden und die Rückwand auf der Innenseite eine Zwischenschicht aus Jutefilz. Der Wagenboden wurde unter den Hintersitzen mit einem Dämpfungsbelag ausgestattet, ebenso wie der Rahmentunnel bis zur Spritzwand. Dach, Türaußenhaut und hintere Seitenwände innen wurden mit aufgespritzter Dämpfungsmasse versehen.

Der von außen zugängliche Kofferraum unter dem vorderen Deckel hatte ein Volumen von 95 Litern und unter dem hinteren Deckel rund 120 Liter. Zusätzlich gab es noch einen weiteren Gepäckraum von 90 Litern, der von innen zugänglich war und sich hinter der Notsitzlehne befand. Er war durch Umklappen der Lehne auf 220 Liter erweiterbar.

Der äußere Ausstattungsumfang umfasste verchromte Stoßfänger mit Hörnern, verchromte Scheinwerferringe und Nebellampenringe. Die Druckknopfringe und Drehfensterrahmen an den Türen waren hochglanzverchromt. Der Außenrückspiegel war auf der linken Seite am Fensterrahmen befestigt und für den Fall eines Stoßes abklappbar. Auf der Frontverkleidung befand sich ein verchromtes VW-Zeichen. Die Zierringe an den Radfelgen waren ebenso in Chrom ausgeführt wie der Karmann Ghia-Schriftzug auf der Rückwand und an der rechten Seite zwischen hinterer Türfuge und Radausschnitt. Zierleisten um die Windschutzscheibe, Seitenfenster und das Rückfenster waren aus Aluminium, das chemisch geglänzt und eloxiert worden war; ebenso die Abschlussleisten unterhalb der Tür.

Die Luftzuführung zum Motor erfolgte durch Schlitze im hinteren Deckel, unter dem ein Luftleitblech montiert war, das den Luftfluss lenkte.

Ein auf der IAA ebenfalls präsentiertes *VW Karmann Ghia 1500 Cabrio* wurde nur in wenigen Exemplaren gebaut und ging nicht in Serie, ebenso wenig wie das entsprechende Pendant des *VW 1500 Stufenheck-Cabrios*. Diese Entscheidung des Unternehmens bedauerten viele potenzielle Käufer. Beide Fahrzeuge sahen sehr elegant aus und hätten sicher ihren Markt gefunden. Über die Gründe, diese Cabrios nicht zu bauen, wurde viel spekuliert. Die Argumente reichten von den Kosten bis zu einer nicht ausreichenden Steifigkeit der Wagen.

Bis zur Ausstellung auf der IAA in Frankfurt kam dieses elegante Cabrio. Selbst Prospekte und Preislisten gab es. Das war es dann aber auch schon. In Serie ging der Wagen nie. Die wenigen Prototypen wurden an besondere Kunden verkauft. Ein Fahrzeug blieb in der Karmann-Sammlung in Osnabrück.

1961–1964: Steigende Verkaufszahlen trotz bescheidener Modellpflegemaßnahmen

Ein wichtiges Produktionsjubiläum konnte das Unternehmen am *4. Dezember 1961* feiern. Um 13.55 Uhr lief in der Halle 12 an dem Endmontageband 2 der 5 000 000. Volkswagen nach Kriegsende vom Band. Das Jubiläum wurde in einer Feierstunde in Anwesenheit der Mitarbeiter begangen, die aus diesem Anlass eine goldene Gedenkmedaille vom Werk geschenkt bekamen.

Da die Volkswagen sich immer besser verkauften und das Werk kaum mit der Produktion nachkam, blieben die Modellpflegemaßnahmen in diesem Zeitraum relativ bescheiden und beschränkten sich neben etwas Kosmetik nur auf das, was der Gesetzgeber in den verschiedenen Märkten vorschrieb.

Bei Motor, Kupplung und Getriebe waren die wichtigen Veränderungen der neue Vergaser 26 VFIS mit einer Ausgleichluftdüse 170, der ab dem *11. Mai 1961* in die Käfermotoren eingebaut wurde. Die Kühlluftregelung des 34 PS-Motors wurde auf die Druckseite des Gebläses verlegt, sodass der bisherige Drosselring am Luftkasten entfallen konnte. Dies bewirkte, dass der Motor seine Betriebstemperatur schneller erreichte. Am *30. Oktober 1964* bekam auch die Standard-Limousine – deren Bezeichnung ab *1964 Volkswagen 1200 A* lautete – das Vollsynchrongetriebe, das in der Export-Limousine und im Cabrio bereits seit *1960* verbaut wurde.

Die *Exportmodelle 113, 114, 117, 118* und der *Typ 15* bekamen ab *31. Juli 1961* serienmäßig eine Kraftstoff-Vorratsanzeige. Der bisherige Kraftstoff-Dreiwegehahn entfiel.

Die Spurstangen waren jetzt sowohl rechts als auch links einstellbar. Die Schmiernippel entfielen, die Achse war nun wartungsfrei.

Im *April 1962* wurden alle *Typ 1* – jetzt auch die *Modelle 111, 112, 115 und 116* – auf eine hydraulische Brems-

Ein besonderes Jubiläum konnten das Werk und die Mitarbeiter am 4. Dezember 1961 feiern: den 5 000 000. Volkswagen.

anlage umgestellt. Damit wurde auch bei diesen Fahrzeugen dem angestiegenen Verkehrsaufkommen und den daraus resultierenden Verkehrssituationen Rechnung getragen.
Die wichtigsten sichtbaren Veränderungen dieser Modelljahre waren:
1961: Die Zweikammerschlussleuchten, das Lenkschloss, die pneumatische Scheibenwaschanlage mit Knopf im Scheibenwischerschalter und die Befestigungspunkte für Zweipunkt-Sicherheitsgurte.
Die *Modelle 113/114 und 117/118* bekamen zusätzlich eine Tankuhr sowie ein spielfreies Rollenlenkgetriebe.
Die *Modelle 141, 142, 143 und 144* bekamen ab *30. Juli* auf der Heckklappe einen Schriftzug »Volkswagen«.
1962: Der Dachhimmel des Export-Modells war aus Kunststoff, das verchromte VW-Zeichen auf dem vorderen Deckel war hoch, seine Kanten waren jetzt stark profiliert – beim *Standardmodell 111/112 und 115/116* war es in der Wagenfarbe lackiert –, das Wolfsburg-Wappen entfiel, das VW-Zeichen saß oben auf der Haube und die Zierleiste auf der vorderen Haube wurde verlängert. Außerdem gab es jetzt Regulierhebel für die Heizung in den Warmluftöffnungen der hinteren Fersenbretter. Die Heizung selbst wurde auch geändert: War die Heizluft bisher an den heißen Zylindern vorbeigeführt worden, wurde sie ab *1962* von Wärmetauschern erhitzt. Werksintern sprach man von einer neuen »Frischluftheizung«. Neben einer besseren Dosierbarkeit sorgte die neue Luftführung auch für eine geruchsfreie Heizluft.
Der Fahrzeughimmel bestand jetzt aus pflegeleichtem Kunststoff, der den bisher eingebauten Wollstoff ablöste.
Beim *Typ 3* war der *VW 1500 Variant* auf Wunsch und gegen Aufpreis mit einer M-Ausstattung zur Erhöhung der Nutzlast von 375 auf 460 Kilogramm erhältlich. Neben verstärkten Reifen beinhaltete diese Mehrausstattung eine Ausgleichsfeder, die durch ihre Zuschaltung bei einer bestimmten Belastung die Federung härter machte und so die Einfederung verringerte, beziehungsweise bei Kurvenfahrt die Rollmomentverteilung an der Hinterachse günstig beeinflusste.
1963: Die VW-Zeichen in den Radkappen waren beim *Typ 1* nicht mehr farblich abgesetzt. Die Kennzeichenleuchte wurde breiter und leicht gerundet. Das verlieh der Kontur des Wagenhecks ein neues Aussehen. Der Lampenträger und das Fenster wurden vom *VW 1500*

Deutlich zu erkennen sind beim Käfer des Baujahrs 1961 die Zweikammer-Rückleuchten.

Ein Käfer des Baujahrs 1962 vor dem Schloss Wolfsburg.

Auf diesem Foto sind die äußeren Veränderungen des Käfers Baujahr 1963 gut zu erkennen: das neue Stahlkurbeldach, die größere Kennzeichenleuchte, die breiteren Blinker auf den vorderen Kotflügeln und das nicht mehr farblich ausgelegte VW-Zeichen in den Radkappen.

übernommen. Die Sicke in der Motorhaube wurde der neuen Form der Kennzeichenleuchte angepasst. Der Hupenhalbring, der seit *1959* eingebaut wurde, entfiel; es blieben jedoch noch Signaltasten in den Lenkradspeichen. Die Nabe war nach wie vor versenkt. Die vorderen Blinkleuchten wurden breiter. Abgelöst wurde das bisher oft bestellte Stoff-Faltschiebedach. An seine Stelle trat ein Stahlkurbeldach, das zwar siche-

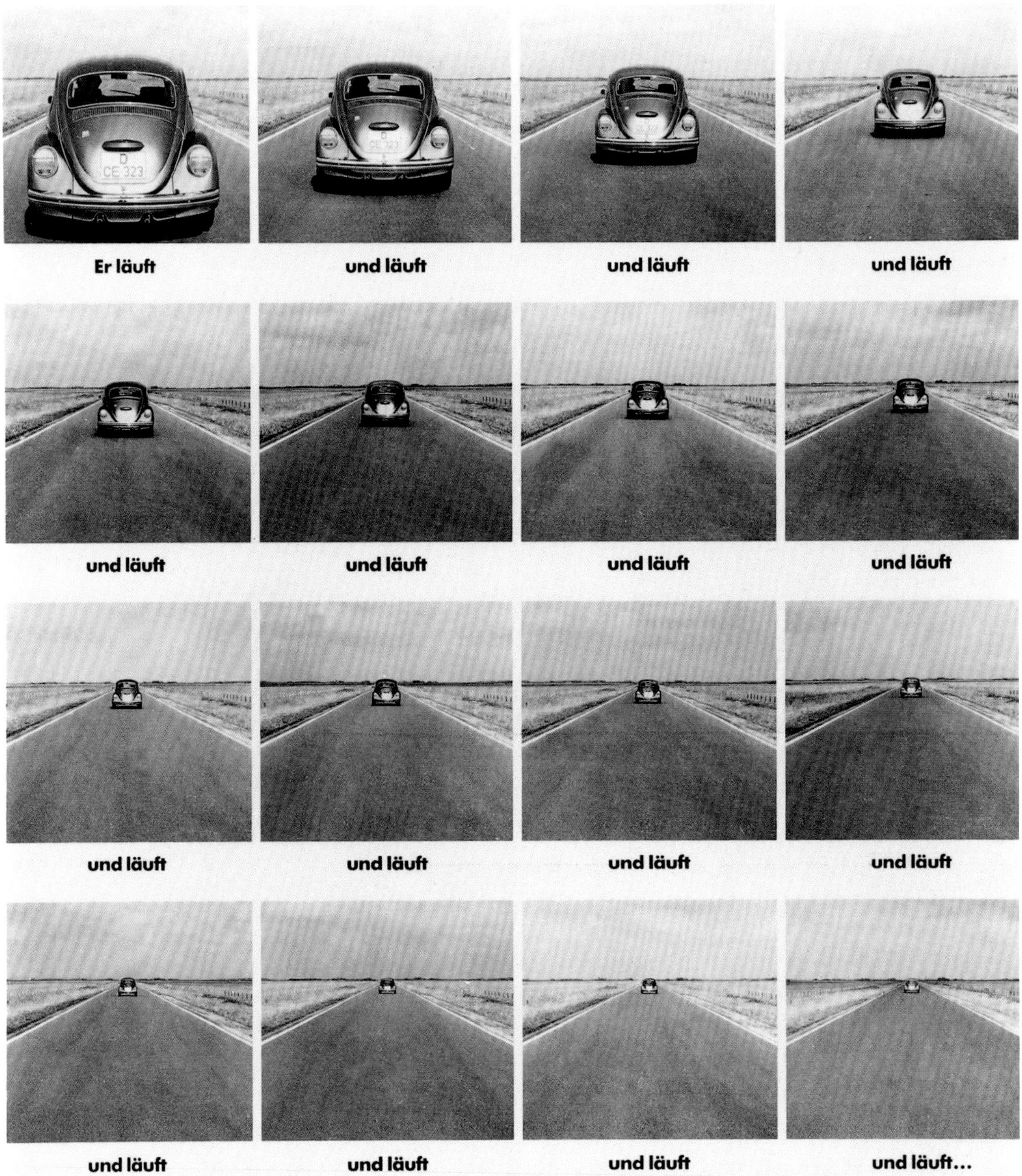

Nicht nur in der Modellpolitik setzte das Volkswagenwerk zu Beginn der 1960er-Jahre neue Maßstäbe, sondern auch in der Werbung. »Er läuft und läuft und läuft ...« wurde zum geflügelten Wort für Zuverlässigkeit – und das letztlich nicht nur für den Käfer.

rer und auch dichter war, aber längst nicht so weit öffnete wie sein Vorläufer.
Auch die *Modelle 111/112 und 115/116* wurden aufgewertet. Die Bedienknöpfe und das Lenkrad waren jetzt silberfarbig. Der Dachhimmel und die Sitzbezüge bestanden aus Kunststoff. In Analogie zu den *Modellen 113/114, 117/118* bekam auch der Standard-Käfer die breiteren Blinkleuchten, allerdings »nur« lackiert.
1964: In diesem Jahr wurden die Front- und Heckscheibe beim *Typ 1* wieder einmal vergrößert. Das geschah durch eine Verringerung der Holmquerschnitte und eine leichte Wölbung der Windschutzscheibe oben, die jetzt 28 Millimeter weiter in das Dach reichte. Das Heckfenster wuchs 20 Millimeter in der Höhe und 10 Millimeter in der Breite. Die Scheibenwischer-Endstellung wurde auf die linke Windschutzscheibenseite verlegt, und die jetzt federnden Wischerblätter wurden um 15 Millimeter verlängert. Vergrößert wurden auch die Tür- und Drehfenster. Die Ausstellfenster besaßen jetzt einen schräg stehenden Steg, der Sicherungs-Druckknopf war entfallen. Dadurch ließ sich der Verschluss während der Fahrt leichter bedienen. Es gab neue Sonnenblenden, die nicht mehr am Rückblickspiegel befestigt waren.
Beim Motordeckel wurde das bisherige Drehknebelschloss durch einen Druckknopfverschluss aus verchromtem Edelstahl abgelöst. Der Verschluss rastete nach Herablassen des Deckels selbsttätig ein.
Die Rücksitzlehne ließ sich jetzt ganz herabklappen und durch ein Spannband arretieren.
Neu war auch die Heizungsregulierung. Anstelle des Drehgriffs gab es jetzt zwei Schwenkhebel. Über den rechten Hebel mit einem roten Knopf wurde die Heizung betätigt, der linke Hebel mit einem weißen Knopf regulierte die Klappen der hinteren Fußraumheizung. Diese Neuerung ermöglichte eine schnellere Bedienung der Heizung.
Wichtig für die Kunden der *Standard-Modelle 111/112 und 115/116* war der Einbau des vom Export her bekannten vollsynchronisierten Vierganggetriebes.

Ein Blick in die Käfer-Produktion im Werk Wolfsburg im Jahre 1964 zeigt, wie stark die Endmontagebänder ausgelastet waren. Die Produktion konnte kaum mit der Nachfrage Schritt halten.

1963: Eine neue Modellstruktur beim Typ 3

Auch der *Typ 3* bekam in diesem Jahr einige Veränderungen, die sich vor allem in einer neuen Modellstruktur dokumentierten. Um den individuellen Wünschen der Kundschaft hinsichtlich der Ausstattung und Fahrleistung besser entsprechen zu können, wurde die Modellreihe erweitert. Das Grundmodell, die *VW 1500 Limousine*, wurde unter Beibehaltung der *Typennummern 311 bis 318* in zwei neue Modelle aufgesplittet. Sie unterschieden sich sowohl in der Innen- und der Außenausstattung wie auch in der Motorisierung. Die neuen Typenbezeichnungen, die bis *1965* gültig waren, lauteten:

VW 1500 N
VW 1500 S und
VW Karmann Ghia 1500 S.

Die Bezeichnung »S« stand für Spezial.
Eine dritte Ausführung gab es beim VW 1500 Variant, der auch ohne hintere Seitenfenster als Lieferwagen sowohl in der *Variante »N«* als auch *»S«* bestellt werden konnte.
Beide Spezial-Modelle – Limousine und Variant – sowie das *Karmann Ghia Coupé S* bekamen einen Zweivergaser-Motor, der 54 PS leistete. Die technischen Parameter dieses Motors lauteten wie folgt:

VW Typ 3	
Motor	
Bauart	4-Zylinder-Boxermotor
Kühlung	Luft, Gebläse
Hubraum (cm^3)	1493
Bohrung (mm)	83
Hub (mm)	69
Leistung (PS/kW)	54/40
Drehmoment (Nm)	105,9 bei 2400 1/min
Kompression	1:8,5
Drehzahl (1/min)	4200
Kurbelwellenlager	4
Vergaser	2 Fallstromvergaser Solex 32 PDSIT mit Startautomatik
Ventile	hängend, Stoßstangen und Kipphebel, zentrale Nockenwelle, Antrieb durch Stirnräder
Kraftstoffanlage	mechanische Pumpe
Zündfolge	1-4-3-2
Abmessungen und Gewichte	
Höchstgeschwindigkeit (km/h)	140 (Coupé 150)
Beschleunigung 0–100 (sec)	20 (Coupé 19)
Verbrauch (l/100 km)	10

Dieser höheren Motorleistung wurden auch die Bremsen angepasst, die jetzt eine Wirkungsfläche von 960 cm^2 besaßen.
Im Innenraum wurden die Bedienelemente für die Heizung auf den Tunnel zwischen die Vordersitze verlegt, was zu einer Vereinfachung bei der Bedienung und Abstimmung der Heizung führte.
Der bisherige Hupenhalbring entfiel, es blieben je-

Ein ungewöhnlicher Blick direkt von oben auf das neue Modell im August 1964. Selbst aus dieser Perspektive ist die neue Scheibenwischer-Endstellung links deutlich zu erkennen.

doch die Kontaktspeichen des Halbrings als Drucktasten zur Signalbetätigung. Das auf den Radkappen eingeprägte VW-Zeichen war nicht mehr farblich ausgelegt. Bei der Innenausstattung konnte der Kunde bei den N-Modellen zwischen drei, bei den S-Modellen zwischen vier Varianten wählen.

Die N-Version wurde optisch und komfortmäßig abgespeckt: Der Drehfensterrahmen und die Fensterführungsschiene waren nur noch lackiert, die hinteren Seitenfenster nicht mehr ausstellbar, und das rechte Türschloss war entfallen. Die Innenausstattung wurde neu gestaltet: Die Verkleidung der Türen und der Seitenteile bestand nur noch aus kaschierter Folie und die Sitzbezüge aus luftdurchlässigem Kunstleder. Es gab glatte Sitz- und Lehnenflächen, die Hintersitzlehne war ohne Ausformung und die hinteren Seitenarmlehnen sowie die Mittelarmlehne entfielen; die Türtaschen waren entfallen, ebenso wie die rechte Sonnenblende, die Zeituhr, die Lichthupe und die Drucktastengruppe. Stattdessen gab es an gleicher Stelle Zugschalter (wie beim *Typ 1*). Die Geschwindigkeitsregelung für die Scheibenwischer war entfallen. Auf die Verriegelung der Vordersitzlehnen wurde verzichtet, ebenso auf die Trittleisten am Türrahmen. Der linke hintere Aschenbecher verschwand, der rechte wurde vom *Typ 1* übernommen. Der vordere Gepäckraum war nur noch auf dem Boden, nicht mehr seitlich verkleidet. Die Gepäckraumbeleuchtung entfiel, und die Deckelstützen vorn und hinten mussten per Hand arretiert werden.

Beim *VW 1500 Variant N* bestanden alle Laderaumverkleidungen nur noch aus einer lackierten Hartfaserplatte, und es gab keine Verkleidung der Fensterstege im Laderaum und der hinteren Ecksäulen.

Beim *VW 1500 S* war die Ausstattung dagegen gegenüber den bisherigen Modellen aufgewertet worden. Quer vor der Fronthaube gab es jetzt einen verchromten Handgriff, die Rückstrahlergehäuse waren geän-

Der VW 1500 N war die Basisversion der Typ 3-Modelle. Äußerlich erkennbar war das Modell an der nur lackierten Fensterführungsschiene und den nicht mehr aufstellbaren hinteren Seitenfenstern.

dert worden und auf dem hinteren Deckelgriff befand sich zur Kennzeichnung ein »S«. Außerdem erhielten die *Volkswagen 1500 S* zusätzlich serienmäßig einen Außenspiegel auf der Beifahrerseite. Innen gab es neue Dessins, und die Tachometerskala reichte jetzt, wegen der höheren Motorleistung, bis 160 km/h.

1964 waren beim *VW 1500* keine einschneidenden Veränderungen vorgesehen. Es fand jedoch eine detaillierte Weiterentwicklung statt, die den Gebrauchswert und die Zuverlässigkeit dieser Modellreihe steigerte. Die optischen Details bestanden in der Hauptsache aus neuen Farben für die Außenlackierung und neuen Stoffbezügen für die Sitz- und Lehnenflächen.

Auch beim *Karmann Ghia Coupé 1500 S* waren die optischen Korrekturen zurückhaltend, auffällig waren allerdings die einfarbigen Tür- und Seitenteile, die nun erheblich dezenter und ruhiger wirkten.

Alle Modelle waren wartungsfreundlicher geworden. An der Vorderachse wurden die Traghebel in DU-Lagern gelagert, was zu einer Verdoppelung des Abschmierintervalls von 5000 auf 10 000 Kilometer führte. Weitere Maßnahmen, die die Lebensdauer verlängerten, betrafen die Hinterachsgelenke. Hier wurde nicht nur der Verschleiß gemindert, sondern auch die Lastwechselgeräusche und ein bisher gelegentlich auftretendes Knarren, wenn die Gelenke nach längerer Ruhelage in Bewegung kamen, konnten eliminiert werden.

Bei den *S-Modellen* wurde der Durchmesser des Vergaser-Lufttrichters von 21,4 Millimeter auf 23 Millimeter vergrößert. Die bisherige, zusätzliche Zündverteiler-Verstellung durch Fliehkraft entfiel.

Bei den *N-Modellen* wurden der vordere und der hintere Gepäckraumdeckel wie bei den *S-Modellen* durch Federn in geöffneter Stellung gehalten.

1965/1966: Die Typen 11, 14 und 15

Die Veränderungen am *Typ 1* in diesem Baujahr beschränkten sich *1965* nicht ausschließlich auf kosmetische Maßnahmen. Das äußerliche Kennzeichen des neuen Modelljahrs waren die Lochscheibenräder. Die Durchbrüche in der Felge beeinflussten nicht nur die Optik positiv, sondern reduzierten gleichzeitig die ungefederten Massen, was sich günstig auf das Fahrverhalten auswirkte. Außerdem erhielten alle *Typ 1-Modelle* geänderte Bremstrommeln, deren Naben mit sternförmigen Versteifungsrippen versehen waren. An der Vorderachse wurde der Abstand der Achsrohre von 120 Millimeter auf 150 Millimeter verbreitert. Anstelle der bislang acht Federstäbe verfügte die neue Vorderachse jetzt über zehn. Die Spur an der Hinterachse wurde von 1288 Millimetern auf 1300 Millimeter verbreitert.

Der bisherige 30 PS-Motor entfiel bei allen Modellen und wurde durch den 34 PS-Motor ersetzt, der bereits seit *1960* im Programm war.

Der *VW 1200* bekam mit der Einführung der veränderten Vorderachse den Lenkungsdämpfer, den Drehstabilisator und die Schneckenrollenlenkung des bisherigen Export-Modells. Damit waren der *VW 1200* und der *VW 1300* im Fahrgestell, abgesehen vom Motor, gleich.

Als bemerkenswerte Veränderungen im Innenraum wären besonders eine in der Mitte unterhalb der Windschutzscheibe angebrachte weitere Heizdüse sowie die Verlegung des Fernlichtschalters aus dem Fußraum in den Blinkerhebel erwähnenswert. Die Vordersitze des *VW 1300* und des *Typ 15* erhielten eine Lehnenverriegelung durch einen seitlich angebrachten Hebel, der ein unbeabsichtigtes Vorklappen der Lehnen verhinderte. Diese Maßnahme blieb allerdings auf die beiden genannten Modelle beschränkt und wurde nicht auf das *Modell VW 1200* und den *Karmann Ghia Typ 14* übertragen. Allerdings bekam der *VW 1200* die Sitz- und Lehnenverstellung des bisherigen Export-Modells. Die Türen und die Seitenverkleidung wurden mit einer horizontalen Zierleiste geschmückt.

Der Anzeigebereich des Tachometers wurde jetzt auch beim *VW 1200* bis auf 140 km/h erweitert. Nachdem erst *1963* der Hupenhalbring durch zwei Drucktasten

Das Modell des Baujahrs 1965 war optisch auf den ersten Blick an seinen Lochfelgen erkennbar.

Zu Beginn der 1960er-Jahre boomte der Export von Volkswagen, insbesondere in die USA. Das Foto zeigt die nächtliche Verladung in Emden.

in den Lenkradspeichen ersetzt worden war, bekamen die Modelle *113/114* und *117/118* und der *Typ 15* wieder einen Signal-Halbring, bei dem die Drucktasten in einer leicht veränderten Form erhalten blieben. Die Lichthupe wurde jetzt über den Blinkerhebel betätigt. Großflächige, elastische Schalterknöpfe an der Instrumententafel erhöhten die Sicherheit im Wageninneren.

Beim *VW 1200* wurde nach wie vor das Dreispeichenlenkrad eingebaut, die sonstige Ausstattung blieb spartanisch, und für die vier Außenfarben gab es nur eine einheitliche Innenausstattung. Allerdings bekam jetzt auch dieses Modell eine Deckelstütze vorn mit Federkraft.

Der Innenspiegel wurde um 10 Millimeter in der Höhe und zur Seite verbreitert. Das verschaffte dem Fahrer eine bessere Sicht auf den nachfolgenden Verkehr.

Die Türschließung wurde so verändert, dass ein Aufspringen der Türen bei Unfällen weitgehend verhindert wurde.

Alle vier- oder fünfsitzigen Modelle erhielten auf der Motorhaube links oberhalb der Kennzeichenbeleuchtung einen verchromten Schriftzug »1200« oder »1300«. So war die Motorleistung des jeweiligen Modells sofort von außen erkennbar. Und wieder einmal wurde die Kennzeichenleuchte geändert, da auch die Motorhaube eine neue Form bekommen hatte.

Bei den *Karmann Ghia-Modellen* wurde die Anbringung des Luftfilters geändert, was eine Lageänderung der Batterie zur Folge hatte. Die Instrumententafel erhielt zwei breite Kunststoffzierleisten, die Licht- und Scheibenwischerschalter wurden nach links neben den Tachometer versetzt.

Das Cabrio Typ 15 hatte jetzt wie die Limousinen einen Schriftzug mit dem Hinweis auf die Motorisierung auf dem Motordeckel.

Der bisherige Außenspiegel auf dem Kotflügel entfiel und wurde bei allen *VW 1500 Karmann Ghia-Modellen* durch einen Außenspiegel mit Sicherheitsgelenk an der Tür ersetzt, wie er bei den *Typ 3-Limousinen* verbaut wurde. Der Schriftzug auf dem Motordeckel wurde in *VW 1300* geändert.
Auffällig waren auch die neuen, schmaleren Zierleisten auf den Seiten der Fahrzeuge. Sie wirkten eleganter als ihre Vorläufer.
Den Komfort als solchen verbesserte das neu eingeführte Einschlüssel-System. Hier kam das Werk einem lange gehegten Kundenwunsch entgegen. Das Zündschloss wurde jetzt mit dem gleichen Schlüssel betätigt, der auch in die Türschlösser passte. Von innen konnte man ab sofort die Türen mit einem Knopf in der hinteren Ecke des Fensterausschnitts verriegeln.
Die Typenbezeichnungen wurden gegenüber dem Vorjahr leicht variiert: So hieß der bisherige *VW 1200 A* jetzt *VW 1300 A*. Für dieses Modell standen wahlweise der 34-PS-Motor und ein neuer 40-PS-Motor zur Verfügung.

VW 1300 A	
Motor	
Bauart	4-Zylinder-Boxermotor
Kühlung	Luft, Gebläse
Hubraum (cm^3)	1285
Bohrung (mm)	77
Hub (mm)	69
Leistung (PS/kW)	40/29
Drehmoment (Nm)	87,3 bei 2000 1/min
Kompression	1:7,3
Drehzahl (1/min)	4000
Kurbelwellenlager	4
Vergaser	1 Solex 30 PICT-1 Fallstromvergaser mit Startautomatik
Ventile	hängend, Stoßstangen und Kipphebel zentrale Nockenwelle, Antrieb durch Stirnräder
Kraftstoffanlage	mechanische Pumpe
Zündfolge	1-4-3-2
Abmessungen und Gewichte	
Spur vorn/hinten (mm)	1303/1300
Leergewicht (kg)	780 (Karmann Ghia: 830)
Zul. Gesamtgewicht (kg)	1160
Höchstgeschwindigkeit (km/h)	122 (Karmann Ghia: 128)
Beschleunigung 0–100 (sec)	28 (Karmann Ghia: 27)

Zur besseren Unterscheidung der einzelnen Motorversionen wurde der Motornummer ein Kennbuchstabe vorangesetzt: Vor dem Buchstaben wurde zusätzlich ein VW-Zeichen eingeschlagen. Es standen 1965 folgende Kombinationen zur Verfügung:

Motorleistung	Kennbuchstabe
30 PS	A
34 PS	D
40 PS	F
44 PS	H (ab 1. August 1966)

Nachdem die Volkswagenwerk AG 1965 die Auto Union GmbH in Ingolstadt von der Daimler Benz AG übernommen hatte, wurden im Werk Ingolstadt zur Auslastung der Produktion auch Volkswagen Typ 1 montiert.

Das neue Modelljahr des Karmann Ghia Coupés und des Cabrios war an dem rückseitigen Schriftzug »VW 1300« deutlich von seinem Vorgänger zu unterscheiden.

Der Motor mit der Bezeichnung »F« blieb bis zum Jahr *1968* im Programm, während das *Modell 1300 A* schon ein Jahr später vom Markt genommen und ab dem *10. Januar 1967* durch den *VW 1200,* der unter dem Namen »Sparkäfer« bekannt wurde, gleitend ersetzt wurde. Seine Ausstattung entsprach der des *1300 A,* er besaß jedoch verchromte Stoßfänger, Radkappen und Griffe; sämtliche Zierleisten und VW-Zeichen auf der Haube vorn waren eloxiert, das Hupenziergitter im linken Kotflügel verchromt. Dafür waren die Stoßfängerhörner entfallen, und auch beim Motor gab es keine Alternative. Hier stand lediglich der 34-PS-Motor zur Verfügung.

Wichtiger für die Käferkundschaft war dagegen am *1. August 1966* die Einführung des *VW 1500,* der seine Leistung von 44 PS nicht nur in den Beschleunigungs- und Höchstgeschwindigkeitswerten demonstrierte – 23 Sekunden von 0 auf 100 km/h und 128 km/h in der Spitze –, sondern sich auch äußerlich durch einen Schriftzug *»VW 1500«* auf dem Motordeckel von diesem unterschied. Dieser gesteigerten Motorleistung wurde auch das Fahrwerk angepasst, indem es an den Vorderrädern serienmäßig Scheibenbremsen bekam.

Eine neue Kennzeichenleuchte wurde durch die Änderung des Motorraumdeckels – sie war erforderlich wegen der größeren Einbaumaße des neuen Motors – bei den *Typen 11 und 15* erforderlich.

Durch eine früh einschaltende Lichtmaschine mit 105 Millimetern Gehäusedurchmesser für die *Typen 11 und 15* erfolgte der Ladebeginn der Batterie bereits bei einer erhöhten Leerlaufdrehzahl. Zusätzlich wurde eine Zehnfach-Sicherungsdose eingebaut, um Anschlussmöglichkeiten für weitere Verbraucher zu schaffen.

Bei den *Karmann Ghia-Modellen* entfiel *1966* das Schaltschloss und wurde – nach Änderung der Armaturentafel – zur Bedienungserleichterung durch ein Lenkradschloss ersetzt. Durch diese Maßnahme wurde eine Umgestaltung der Armaturentafel notwendig, und zwar mit abgeflachten, flexiblen Schalterknöpfen. Die Instrumententafel selbst war mit einer teakholzgemaserten Furnierfolie aus Hart-PVC bezogen. Oberhalb der Blende für den Einbau des optionalen Radios befand sich der Schriftzug »Karmann Ghia«. Außerdem bekamen diese Modelle eine Scheibenwaschanlage sowie eine zweistufige Scheibenwischerschaltung. Die Fenster der hinteren Fahrtrichtungsanzeiger wurden von Rot auf Orange umgestellt. Neu war auch das Einschlüsselsystem beim *Typ 14* für das Tür- und das Lenk-Zünd-Anlassschloss.

Der Tachometer war jetzt ein Kombi-Instrument und befand sich in der Mitte zwischen der kleineren Benzinanzeige links und einer elektrischen Zeituhr rechts.

Durch die Änderung der Scheinwerfer bedingt, wurde das Standlicht in die vorderen Blinkleuchten verlegt.

Das Verdeck der Cabrios der *Typen 14 und 15* bestand ab *1966* aus robustem, schwarzen oder hellbeigen Kunststoff. Für viele Märkte wurde auch in dieses Modell der neue 1,5-Liter-Motor eingebaut. Der Grund dafür war, dass Karmann seit Erscheinen des neuen Motors in seine *Ghia-Modelle* keine 1300er-Motoren mehr einbaute. Diese Modellpolitik hatte zur Folge, dass die *Karmann Ghia-Modelle* an den Vorderrädern Scheibenbremsen bekamen, die Spur der Hinterachse verbreitert wurde und die Achse zusätzlich eine Ausgleichsfeder bekam.

Im Jahre *1966* kam als weitere Entwicklung die Umstellung des Bordnetzes auf 12 Volt hinzu, was zu einer Verbesserung der Starteigenschaften führte.

Beim *Typ 3* gab es *1965* eine Veränderung in der Modellbezeichnung, von der jedoch die Modell-Nummern selbst nicht betroffen waren. Der *VW 1500 A* löste das bisherige *Modell VW 1500 N* ab. Allerdings

VW Typ 1 VW 1500		
Motordaten		
Bauart	4-Zylinder-Boxermotor, zweiteiliges Kurbelgehäuse aus Magnesium-Legierung	
Kühlung	Luft, Gebläse	
Hubraum (cm³)	1493	
Bohrung (mm)	83	
Hub (mm)	69	
Leistung (PS/kW)	44/32	
Kompression	1:7,5	
Drehzahl (1/min)	4000	
Drehmoment (Nm)	100 bei 2000 1/min	
Anordnung der Ventile	hängend, Stoßstangen und Kipphebel, zentrale Nockenwelle, Antrieb durch Stirnräder	
Kurbelwellenlager	4	
Vergaser	Solex 30 PICT-1 Fallstrom mit Startautomatik	
Kraftstoffanlage	mechanische Pumpe	
Zündfolge	1-4-3-2	
Abmessungen und Gewichte (abweichend vom Vorjahr)		
	Modell VW 1500	**VW 1500 Ghia**
Spur vorn/hinten (mm)	305/1350	
Reifen	5,60-15 (4PR)	5,60 S 15 (4PR)
Wendekreis (m)	11,1	11,3
Gesamtgewicht (kg)	800	850
zul. Gesamtgewicht (kg)	1180	1170
Höchstgeschwindigkeit (km/h)	128	136
Beschleunigung 0–100 (sec)	23	
Verbrauch (l/100 km)	10	

war auch diesem Modell keine lange Lebensdauer beschieden. Es überlebte nur zwei Jahre.

Der Hubraum des Zweivergaser-Motors wurde auf 1584 cm³ vergrößert und damit die Bezeichnung der einzelnen Modelle erneut verändert. Es gab jetzt: bis *1966* die *Modelle VW 1500 A* mit dem 1,5-Liter-Motor sowie die Modelle:

Modell
1600 L
1600 TL
1600 Variant
1600 L Variant und
VW Karmann Ghia 1600 L

Der neue Motor unterschied sich in den nachfolgenden Daten vom 1,5-Liter-Motor:

VW 1500 A	
1,6-Liter-Motor	
Hubraum (cm³)	1584
Bohrung (mm)	85,5
Hub (mm)	69
Leistung (PS/kW)	54/40
Kompression	1:7,7 (ab August 1971: 1:7,5)
Drehzahl (1/min)	4000
Drehmoment (Nm)	110 bis 2200 1/min
Vergaser	2 Solex 32 PDSIT Fallstromvergaser mit Startautomatik Gegen Aufpreis ab Juni 1968: Elektronisch gesteuerte Bosch-Kraftstoffeinspritzung
Abmessungen und Gewichte	
Höchstgeschwindigkeit (km/h)	140 (mit Getriebeautomatik 132) Karmann Ghia 1600 L 150 (mit Getriebeautomatik 140)
Beschleunigung (0–100/sec)	20 (mit Getriebeautomatik 25) Karmann Ghia 1600 L 19 (mit Getriebeautomatik 25)
Verbrauch (l/100 km)	11,5 (mit Getriebeautomatik 12,5)

Der neue VW 1500 des Baujahrs 1966. Der Schriftzug auf der Motorhaube wies dieses Fahrzeug als den schnellsten Käfer der damaligen Modellgeschichte aus. Die Höchstgeschwindigkeit lag bei 128 km/h, die Beschleunigung von 0 auf 100 km/h betrug 23 Sekunden.

Der VW 1500 A war der Nachfolger des Modells VW 1500 N. Er stellte die Basisversion der Modellreihe dar.

1966 wurde das Modellprogramm des Typ 3 um den VW 1600 TL, eine Fließheck-Limousine, ergänzt.

Der gesteigerten Leistung wurde auch das Bremssystem angepasst. Die Vorderräder bekamen Scheibenbremsen. Jede Bremse bestand aus einem Festsattel und zwei Arbeitszylindern. Je zwei Bremsbeläge wirkten auf eine Tempergussscheibe, die mit der Radnabe aus einem Stück gegossen war. Die Nachstellung erfolgte automatisch. Die Hinterradbremsen erhielten eine sogenannte Blechrückentrommel.

Neu war auch das *Modell 1600 TL,* das technisch mit dem *VW 1600 L* identisch war. Bei ihm verlief, im Gegensatz zum weiter gebauten Stufenheck, das Dach von der B-Säule schräg abfallend bis etwa zu den Heckleuchten. Den Abschluss des Fahrzeugs bildete eine etwa 300 Millimeter hohe Schürze, auf der das Kennzeichen befestigt wurde. Unterhalb der sehr großen, schrägen Heckscheibe befand sich die nach

Das VW Karmann Ghia 1500/1600 Coupé wurde während seiner Bauzeit nur geringfügig verändert. Man legte mehr Wert auf die inneren Werte und die Technik, die der jeweiligen Spitzenversion des Typ 3 angepasst wurden.

oben schwenkbare Gepäckraumklappe. Durch diese Bauform erreichte man einen um 90 Liter vergrößerten hinteren Gepäckraum, der jetzt 290 Liter fasste.

Die Signalhornbetätigung erfolgte wieder durch einen Halbring auf dem Lenkrad. Der Innenspiegel bekam eine Sicherheitsbefestigung, die diesen bei heftiger Berührung aus seiner Verankerung löste. Damit wurde die Sicherheit für die Fahrzeuginsassen beträchtlich erhöht. Das Innentrim wurde geändert. Das bisherige Streifenmuster der Sitze wurde auf uni umgestellt, die Seitenteile und die Türverkleidungen wurden einfarbig. Die Farbe des Lenkrads, der Armaturentafel-Abdeckung und des Noppenteppichs wurde farblich auf die jeweilige Innenausstattung abgestimmt, nämlich Teak, Pigalle oder Schwarz. Die Knöpfe der Schalter und Armaturen waren verchromt. An den Armlehnen verlief eine Zierleiste, die das optische Bild des Innenraums aufwertete.

Der Griff der Fronthaube wurde seitlich verlängert, um bei nassem Wetter zu verhindern, dass bei geöffneter Haube Wasser vom Griff in den geöffneten Tankverschluss lief.

Ab *August 1966* wurde die elektrische Anlage bei allen *Typ 3-Modellen* auf 12 Volt umgestellt. Die Lichtmaschine war wie beim *Typ 1* jetzt frühladend und hatte einen Durchmesser von 105 Millimetern. Die Sicherungsdose erhielt zwölf Anschlüsse, sodass weitere Anschlussmöglichkeiten für zusätzliche Verbraucher zur Verfügung standen.

Die Schaltknöpfe waren ab *1966* großflächig und elastisch, ein weiterer Beitrag zur Sicherheit des Fahrzeuginnenraums. Die Scheibenwischeranlage bekam zwei Wischerstufen, die bisherige stufenlose Regelung entfiel deswegen. Ein weiteres Sicherheitsdetail war das Kunststoffgehäuse des Innenspiegels. Das Tür- und das Zündschloss erhielten aufeinander abgestimmte Schließzylinder, die mit nur einem Schlüssel betätigt werden konnten. Die Türverriegelung erfolgte durch einen Betätigungsknopf am Fensterausschnitt.

Das *VW Karmann Ghia 1600 Coupé* wurde ebenfalls zur Erhöhung der inneren Sicherheit mit einer Rückenlehnenverriegelung für die vorderen Sitze ausgestattet. Aus dem gleichen Grund wurde auch die Achse der Sonnenblende geändert. Die ausgehenden *1960er-Jahre* waren der Zeitraum, in dem die Käufer von Automobilen in zunehmendem Maße auf Sicherheitselementen in ihren Fahrzeugen achteten. Die Industrie registrierte das sehr aufmerksam und warb schließlich immer mehr mit diesen konstruktiven Details.

1967–1969: Die Doppelgelenk-Schräglenker-Hinterachse und eine Automatik als technische Highlights

1967 wurde auch die Typologie aller anderen Volkswagen wieder einmal verändert, eine Veränderung allerdings, die bis in die Gegenwart Bestand hat. Der Modellschlüssel bestand aus zwei dreistelligen Ziffterngruppen, die für den Typ, das Modell, die Ausführung, die Ausstattung, den Motor und das Getriebe standen. Beispielsweise stand die
Nummernfolge 117 022 für: Typ 1, Limousine 1300 Linkslenker, Stahlkurbeldach, 1,3 Liter-Motor mit 40 PS und Automatik-Getriebe,
die Kennzeichnung 117 032 stand für Typ 1, Limousine 1500 Linkslenker, Stahlkurbeldach, 1,5 Liter-Motor mit 44 PS und Automatik-Getriebe.
Analog dazu waren auch die Kombinationen beim *Typ 3* und später beim *Typ 4*.

Typ 1:
1967
Im *August 1966* war die Produktion des *VW 1200* mit dem 34-PS-Motor eingestellt worden. Auf Wunsch gab es jedoch noch den *VW 1300 A* mit einem 34-PS-Motor. Da die Nachfrage nach dem *1200 A* jedoch nach wie vor groß war, entschloss sich das Werk bereits im *Januar 1967*, also kaum sechs Monate später, dieses Modell wieder in das Programm aufzunehmen. Es sollte fortan unter dem Namen *»Sparkäfer«* bis zur Einstellung der Produktion in Deutschland im Programm bleiben. Die Neuauflage des *VW 1200* war die Antwort des Werks auf die nachlassende Konjunktur. Der *Sparkäfer* kostete DM 4485, der *VW 1300 A*/40 PS DM 4735.

Der Käfer des Modelljahrs 1967 unterschied sich äußerlich deutlich von seinem Vorgänger. Die neuen Stoßfänger und die Rückleuchten mit der größeren Lichtaustrittsfläche sind die markantesten äußeren Veränderungen.

Mit dem Fertigungsbeginn des *VW 1500, Modelle 113/114, 117/118* mit einer Selektiv-Automatik am *1. August 1967* – bei der zwar noch geschaltet werden musste, allerdings ohne zu kuppeln – wurde erstmals eine Doppelgelenk-Schräglenker-Hinterachse in einen Käfer eingebaut. Damit konnten die Fahreigenschaften vor allem in den Kurven wesentlich verbessert werden. Die Werbung verglich damals diesen Käfer hinsichtlich seiner Straßenlage mit dem Porsche 911, der über eine ähnliche Hinterachse verfügte. Zusätzlich erhielten die Käfer an der Hinterachse eine Ausgleichsfeder, die die hinteren Drehstäbe beim Einfedern in die Kurve unterstützte.

Die Fahrer der übrigen Käfer mussten allerdings noch einige Zeit auf diese Verbesserung warten. Der Innenspiegel war mit Kunststoff ummantelt und sprang bei einem bestimmten Druck aus der Halterung, der vergrößerte Außenspiegel saß nicht mehr auf dem Türscharnier und schwenkte bei einem Aufprall bis zum Türfenster um.

Bei den *Modellen 113, 114, 117 und 118* sowie beim *Typ 15* wurde die Bremsanlage in zwei Kreise aufgeteilt. Der Tandem-Hauptbremszylinder mit dem Nachfüllbehälter war am linken Seitenteil im Kofferraum angeschraubt.

Optisch fielen bei den ab *1. August 1967* gebauten Käfern sofort die senkrecht stehenden Scheinwerfer und die Tankklappe mit Griffmulde im rechten vorderen Seitenteil auf. Dass die Fronthaube, die sich jetzt mit einem Druckknopf öffnen ließ, verkürzt war, war hingegen nicht so offensichtlich. Diese Maßnahme war aber notwendig, weil bei den *Modellen VW 1300* und *VW 1500* sowie in die *Karmann Ghia Typ 14-Modelle* neu gestaltete, kastenförmige Stoßfänger eingebaut wurden, die höher angebracht waren. Außerdem bekam der vordere Deckel am oberen Ende ein Lüftungsgitter für die Frischluftzufuhr, die über zwei zusätzliche Schlitze in der Armaturentafel in das Fahrzeuginnere gelangte. Der Tankeinfüllstutzen war von außen zugänglich, die Tankuhr in den Tachometer integriert. Bei diesen Modellen war jetzt eine 12-Volt-Anlage serienmäßig. Die Scheibenwischer waren zweistufig. Die Rückleuchten wurden vergrößert.

Erkennbar war das neue Modelljahr auch an seinen Rückleuchten mit einer vergrößerten Lichtaustrittsfläche. Bei der optionalen Ausstattung mit zwei Rückfahrscheinwerfern waren diese in die Rückleuchten integriert.

Auch die Motorhaube musste wegen der neuen Kastenstoßstangen gekürzt werden. Die Befestigungsfläche für das Kennzeichen wurde, entsprechend den Bestimmungen in den verschiedenen Exportländern, steiler. Im Zusammenhang mit dieser Änderung ergab sich auch ein größerer Motorraum, sodass sich der Motor leichter ein- und ausbauen ließ.

Ein wichtiges Sicherheitsdetail war die Sicherheitslenksäule, die mit einem verformbaren Zwischenstück versehen war, das die Aufprallenergie bei einem Unfall vom Fahrer ablenkte. Auch das Lenkrad wurde unter diesem Sicherheitsaspekt neu gestaltet. Ebenfalls zur Erhöhung der Fahrsicherheit wurde eine Zweikreisbremsanlage eingebaut, allerdings nicht in den *VW 1200*. Ein weiteres, nicht sichtbares, aber wirkungsvolles Sicherheitsdetail war die Verstärkung des Dachquerträgers bei den Limousinen. Außerdem konnte man für die Vordersitze optional Lehnen mit angeformten Kopfstützen bestellen. Ab *1967* war auch eine gepolsterte Armaturentafel mit einem geänderten Haltegriff für den Beifahrer gegen Aufpreis zu bekommen.

Sicherheitsaspekte waren auch für die neuen Türschlösser ausschlaggebend. Die Klinke war in die Türgriffe eingebettet und so ausgelegt, dass ein unbeabsichtigtes Aussperren unmöglich war.

Zur Erhöhung des Fahrkomforts erhielten die Limousinen mit Ausnahme des *VW 1200* eine Frischbelüftung. Aus dem gleichen Grund wurden die Armlehnen in den Fahrzeugen verbreitert. Die Armlehne in der Fahrertür diente gleichzeitig als Griff zum Schließen der Tür.

Beim *Karmann Ghia Typ 14* wurde bei allen Modellen der Tankeinfüllstutzen in den vorderen rechten Kotflügel verlegt und mit einer Klappe abgedeckt. Die Verriegelung der hinteren Sitzlehne wurde verbessert und das vordere Deckelschloss verstärkt.

Gegen einen Aufpreis von DM 465 war auch dieses Modell mit einem halbautomatischen Getriebe in Verbindung mit der Doppelgelenk-Hinterachse lieferbar.

Die Batteriespannung wurde von sechs auf zwölf Volt angehoben. Dadurch wurden die Starteigenschaften des Motors und die Leistungsausbeute der gesamten Lichtanlage erheblich verbessert.

Erstmals gab es im *Typ 14* Befestigungsmöglichkeiten für Dreipunkt-Sicherheitsgurte. Die Gurte selbst waren jedoch nur gegen Aufpreis erhältlich.

1968

Wichtige Details des Baujahrs *1968* waren die Verriegelung der Tankklappe und der in den vorderen rechten Fußraum verlegte Griff zum Öffnen der Klappe sowie eine serienmäßige Warnblinkanlage. Der Griff zum Öffnen der vorderen Haube wurde im Handschuhkasten untergebracht.

Die Warmluftdüsen im vorderen Fußbereich wurden zurück bis zur Vorderkante der Sitzschiene verlegt. Dadurch kam mehr Warmluft an die Windschutzscheibe, deren Frischluft-Ausströmdüsen ab *August 1968* an die Heizluftkanäle angeschlossen waren. Die Fußraumausströmer konnten jetzt mit Klappen verschlossen werden.

Der Verstellbereich der Rückenlehnen der Vordersitze wurde auf zehn Grad erweitert. Damit erfüllte man gesetzliche Forderungen, die einen Mindestabstand des Fahrers und Beifahrers zur Windschutzscheibe verlangten. So standen den Insassen 32 variable Einstellmöglichkeiten für die Sitze zur Verfügung.

Der Tacho wurde überarbeitet und war mit einem Blick schnell und klar ablesbar. Die Kilometerzahlen der Geschwindigkeitsanzeige standen jetzt senkrecht. Die Kontrolllampen im Tachometer waren durch Symbole gekennzeichnet.

Der Ölbadluftfilter des 1,5-Liter-Motors besaß jetzt nur noch einen Ansaugstutzen. So konnte die Vorwärmluft besser gesteuert werden. Die Kurbelgehäuseentlüftung erfolgte in einem geschlossenen Kreislauf. Der Entlüftungsschlauch war am Ansaugstutzen des Ölbadluftfilters angeschlossen.

Beim *Karmann Ghia Typ 14* wurde die bisher als Mehrausstattung erhältliche Warnblinkanlage ab *1968* serienmäßig eingebaut. Alle Kontrollleuchten wurden zur besseren Unterscheidung mit Symbolen gekennzeichnet. Die Arretierungen der Vordersitzlehnen wurden verstärkt. Außerdem bekamen die Ghia-Modelle im hinteren Motorabdeckblech Wasserablaufventile eingebaut, die für einen besseren Ablauf von Regen- und Spritzwasser sorgten. Beim *Karmann Ghia-Cabrio, Modelle 141 und 142* wurde jetzt ein klappbares Rückblickfenster aus Einscheiben-Sicherheitsglas eingebaut, das das bisher eingenähte Polyglas ablöste. Außerdem wurden die Verdeckverschlüsse in die seitlichen Dachrahmen verlegt.

Die Felgengröße wurde von 4 J × 15 auf 4,5 J × 15 umgestellt.

Der Zughebel zum Öffnen der vorderen Haube befand sich im Handschuhkasten. In Verbindung mit einem abschließbaren Handschuhkastendeckel, der als Mehrausstattung lieferbar war, war der Gepäckraum – besonders beim Cabrio – gegen unbefugten Zugriff geschützt. Alle Modelle waren mit einer Warnblinkanlage ausgestattet.

Der Käfer des Baujahrs 1968. Auf dem Foto sind die neuen Türgriffe mit der innen eingebauten Klinke zur Entriegelung des Schlosses nur zu ahnen. Auf den ersten Blick sind dagegen die neuen Kastenstoßstangen zu erkennen, die dem Käfer ein markanteres Aussehen gaben und die passive Sicherheit erhöhten.

Die Produktion des Käfers boomte immer noch. Nach wie vor waren die Bänder in Wolfsburg voll ausgelastet.

Am *16. August 1968* führte das Werk bei allen damals 2400 inländischen Kundendienst-Werkstätten die VW-Diagnose ein. Dabei handelte es sich um einen Computer, der über eine Mehrfachsteckverbindung mit dem Fahrzeug kommunizierte. Mit ihrer Hilfe konnten die Monteure schneller und sicherer Fehler im Betriebssystem der Fahrzeuge auslesen und damit für den Kunden kostengünstiger und gezielt beseitigen.

1969

Im Jahre *1969* gab es für den *VW 1200,* wie bei den anderen Modellen, eine Zweikreisbremsanlage und als Mehrausstattung die Benzinuhr im Tacho. Den *»Sparkäfer«* gab es jetzt auch mit dem 1300er-Motor und der Selektiv-Automatik. Auf Wunsch konnte der *VW 1300* mit einem 1,2-Liter-Motor und Scheibenbremsen vorn bestellt werden.

Der *VW 1300* war jetzt auch in der L-Ausstattung lieferbar, mit zwei Rückfahrscheinwerfern, Gummileisten auf den Stoßfängern, einer gepolsterten Armaturentafel, einem abblendbaren Innenspiegel, einem abschließbaren Handschuhkasten-Deckel, einem Make-up-Spiegel in der Sonnenblende, einer Türtasche an der Beifahrertür, einem zweiten Fondaschenbecher und Schlingenflorteppich.

Der *Typ 1 VW 1500* bekam für eine bessere Motorkühlung zehn waagerechte Schlitze in die Motorhaube und war, wie das *Modell VW 1300,* mit der gleichen Ausstattung auch als *VW 1500 L* erhältlich.

Alle Käfer-Motoren erhielten Ölkanäle mit einem größeren Querschnitt, ein geändertes Ölpumpengehäuse und ein Öldruck-Regelventil. Die 1,2- und 1,3-Liter-Motoren erhielten eine thermostatisch geregelte Vergaser-Warmluftzuführung, wie sie bisher schon der 1,5-Liter-Motor besaß.

Das *Cabrio Typ 15* besaß jetzt 28 waagerechte Luftschlitze in der Motorhaube anstelle der bisherigen zehn. Damit trug man dem größeren Kühlluftbedarf der Export-Käfer für die USA mit dem 1600er-Motor des *Typ 2* Rechnung, der für diesen Markt auch in den Käfer eingebaut wurde.

Beim *Typ 14* wurde das bisherige PVC-Heckfenster bei den Modellen *141 und 142* durch eine Sicherheitsglas-Scheibe ersetzt. Bei allen Modellen wurden die Ausschnitte für die Blinker und die Schlussleuchten verlegt. Die Blinkleuchten waren jetzt denen des *Typ 3* ähnlich, und zwar rechteckig statt rund. Die optional bestellbaren Rückfahrscheinwerfer (M 616) waren in die Schlussleuchte integriert.

Die Scheibenräder waren chromfarben lackiert.

1967: Modellpflege Typ 3

Neu war in diesem Jahr vor allem ein Automatik-Getriebe für den *Typ 3*, das über einen Drehmomentwandler und drei Fahrstufen für die Vorwärtsfahrt und eine für die Rückwärtsfahrt verfügte. Außerdem gab es eine Park- und eine Leerlaufstellung. Dieses Getriebe bot dem Fahrer einen Gewinn an Fahrkomfort. Die Fahrzeuge, die mit der Getriebeautomatik ausgestattet waren, bekamen eine Doppelgelenk-Hinterachse mit Dreieckslängslenkern, die eine wesentliche Verbesserung der Fahreigenschaften mit sich brachten. Sie hatte jedoch einige Änderungen am Rahmen bzw. am Fahrschemel zur Folge.

In diesem Jahr wurde zur Erhöhung der passiven Sicherheit das Lenkrohr aller *Typ 3* mit zwei verformbaren Zwischenstücken versehen. Auch das Lenkrad selbst wurde den erhöhten Sicherheitsansprüchen angepasst und neu gestaltet.

Die Bremsanlage wurde mit zwei unabhängigen Bremskreisen versehen, sodass beim Ausfall eines Bremskreises der Wagen immer noch relativ sicher zum Stehen gebracht werden konnte.

Auch am Aufbau wurden diverse Veränderungen vorgenommen, die der Sicherheit der Wageninsassen dienten. Der Sicherheits-Innenspiegel erhielt ein Kunststoffgehäuse mit einem verbreiterten Rand, die Fensterkurbeln waren breiter und elastisch gestaltet, und der Handschuhkastendeckel erhielt ein neu entwickeltes Schloss mit einer Drehknopfbetätigung. Für die Befestigung der immer noch ausschließlich gegen Aufpreis erhältlichen Sicherheitsgurte an den Vorder- und Rücksitzen waren entsprechende Befestigungsgewinde eingebaut. Alle bisherigen Zug-Bedienknöpfe wurden als Drehknöpfe umgerüstet, selbst die Betätigungsknöpfe für die Heizungsschieber am linken und rechten Seitenteil wurden in der Form den Sicherheitsbestimmungen angepasst.

Der Außenspiegel wurde zur besseren Beobachtung des nachfolgenden Verkehrs vergrößert. Bei den Türaußengriffen entfielen die bisherigen hervorstehenden Druckknöpfe. Sie wurden durch eine innen liegende Grifftaste ersetzt. Damit wurde ein unbeabsichtigtes Öffnen der Türen bei Unfällen vermieden. Der neue Türaußengriff hatte auch eine Änderung des Schlosses selbst zur Folge.

Die meisten der beschriebenen Maßnahmen gingen auf Forderungen der US-amerikanischen Behörden zurück, die wesentlich strengere Maßstäbe bei der Sicherheit von Autos anlegten als die europäischen. Das Werk dachte aber zugleich so fortschrittlich, diese Sicherheitserkenntnisse auch seinen sonstigen Kunden zukommen zu lassen.

Der Kraftstoffeinfüllstutzen wurde bei allen *Typ 3* in das rechte vordere Seitenteil verlegt, sodass eine Betankung des Fahrzeugs auch ohne ein Öffnen der vorderen Gepäckraumhaube möglich war. So vermied man das Beschädigen der Gepäckstücke durch überlaufendes Benzin und auch den Kraftstoffgeruch im Fahrzeuginneren.

Beim *VW 1600 Variant* wurde die Einprägung für das Kennzeichenschild in der Heckklappe auf 15 Grad geneigt.

Beim *VW 1600 Karmann Ghia Coupé* wurde die Sitzschienenbefestigung der der Limousine angepasst. Auch das Deckelschloss vorn war jetzt mit dem der Limousine baugleich.

Die Scheibenwischerarme wurden mit strömungsgünstigen Blättern ausgelegt, was den Anpressdruck während des Wischvorgangs erhöhte und damit ein besseres Reinigungsergebnis der Windschutzscheibe zur Folge hatte. Eine Scheibenwaschanlage war optional bestellbar, die ihren Sprühdruck für das Waschwasser aus dem Reservereifen bezog.

1968/1969

Wegen seines veränderten Vorderwagens auf den ersten Blick erkennbar war der *Typ 3* des Jahres *1969*. Die Fronthaube fiel nicht mehr nach vorn ab, sondern blieb annähernd auf gleicher Höhe und bildete einen markanten Fahrzeugbug, der zur Fahrzeugmitte nach vorn »spitz« zulief. Diese stilistischen Korrekturen veränderten aber nicht nur das Gesicht des Fahrzeugs und gaben ihm eine dynamischere Form, sie sorgten auch für einen größeren vorderen Kofferraum, denn die Länge des Wagens vergrößerte sich um 125 Millimeter. Gleichzeitig erhöhten sie die Auffahrsicherheit. Um Letzteres zu unterstützen, wurden auch die vorderen und hinteren Stoßstangen geändert und höher gelegt. Das wiederum hatte Konturänderungen an den Kotflügeln hinten, am Deckel hinten und am Abschlussblech zur Folge. Die Höhe der Stoßstangen entsprach jetzt der US-Norm.

Der »neue« VW 1600 TL des Baujahrs 1969 mit dem verlängerten Vorderwagen, der dem Fahrzeug ein dynamischeres Aussehen gab.

Beim *Typ 3* wurde *1968* großer Wert auf die aktive und passive Fahrzeugsicherheit gelegt, sodass verschiedene weitere Änderungen am Aufbau und der Ausstattung vorgenommen wurden, die der Erhöhung der Verkehrssicherheit dienten. Der Innenspiegel erhielt wieder einmal ein neues Gehäuse, sodass er abblendbar eingestellt werden konnte. Die bisher auf Wunsch erhältliche Warnblinkanlage gehörte ab *1968* zur Serienausstattung. Die Tank-Verschlussklappe im Kotflügel konnte von innen verriegelt werden. Der Zugknopf zur Entriegelung war unterhalb der Armaturentafel rechts an der Vorderwand angebaut. Der Zugknopf zur Entriegelung des vorderen Gepäckraumdeckels befand sich im Handschuhfach. Da als Option der Handschuhkastendeckel verschließbar geliefert werden konnte, war das Gepäck im vorderen Kofferraum diebstahlsicher untergebracht. Auf Wunsch waren Vordersitze mit integrierten Kopfstützen bestellbar.

Um den gesetzlichen Anforderungen zu genügen, wurde *1968* der Verstellbereich der Rücklehnen der Vordersitze auf zehn Grad erweitert. Damit war der geforderte Abstand zwischen Passagieren und Frontscheibe gewährleistet.

Wichtigstes technisches Highlight beim *Typ 3* war jedoch der ab *Juni 1968* gegen Aufpreis auch für Europa lieferbare 54-PS-Motor mit elektronisch gesteuerter Kraftstoff-Einspritzung. Sie brachte zwar weder mehr Leistung als der herkömmliche Motor mit dem Doppelvergaser noch wurde der Treibstoffverbrauch gesenkt. Aber auf einen einfachen Nenner gebracht: Sie brachte – allerdings mit relativ hohem Bau- und Kostenaufwand – eine Entgiftung der Verbrennungsabgase. Mit der Einführung dieser ersten Einspritzanlage in einem Volkswagen änderten sich auch die Bezeichnungen der einzelnen Modelle in *VW 1600 LE* und *VW 1600 TLE*.

Das Fahrgestell des VW 1600 mit Automatikgetriebe und dem Zweivergaser-Motor.

Nur zwei Monate nach Einführung des Einspritzmotors bekamen alle *VW 1600-Modelle* serienmäßig eine Doppelgelenk-Hinterachse.

Ab *August 1969* wurde die Produktion des *VW 1600 L Karmann Ghia* eingestellt.

1968: Der VW 411, ein neues Modell der Oberklasse

1968 war es endlich so weit: Das Volkswagenwerk bot seinen Kunden, die mehr Auto wollten, ein neues Fahrzeug der Oberklasse an, den *VW 411*. Die Modellbezeichnungen dieses als *Typ 4* in die Typologie eingeordneten Fahrzeugs lauteten:

Typ 4	Modell
411–412	411 Limousine 2-türig 1968–1972
421–422	411 Limousine 4-türig 1970–1972
461–462	411 Variant 1968–1970 411 Variant 1970–1972

Diese Modelle gab es alle in den Versionen »Normal« und »Luxus«.
Von den Hauptbaugruppen des Fahrzeugs – Aufbau, Fahrwerk, Motor – war lediglich der Motor eine Weiterentwicklung der altbewährten VW-Bauweise. Der selbsttragende Aufbau war eine völlige Neuentwicklung und resultierte in gewisser Weise aus den Erfahrungen, die man mit der gleichen Konstruktion ein Jahr zuvor beim *T2* gemacht hatte. Damit erreichte man in der Karosseriekonstruktion auch bei einem »echten«Pkw-Modell den aktuellen Stand der Technik. Das Fahrwerk bestand nur noch aus Vorder- und Hinterachse mit Getriebe. Der bisherige Rahmen wie bei den *Typen 1* und *3* war beim *Typ 4* vollständig entfallen.
Die Vorderachse war eine Neukonstruktion mit Dreieckslenkern und Federbeinen. Der eigentliche Achskörper war an der selbsttragenden Karosserie verschraubt. Je ein Federbein auf jeder Seite war unten mit Kugelgelenken an den Querlenkern, oben in Gummimetall-Lagern am Karosserieblech in Federbeindomen im vorderen Gepäckraum befestigt. Jedes Federbein war Träger einer hochliegenden Schraubenfeder. Ein Stabilisator erhöhte die Kurvenstabilität.
Sie erlaubte eine Tieferlegung und damit eine Vergrößerung des wieder vorn im Fahrzeug befindlichen Gepäckraums auf ein Volumen von 390 Litern. Je nach Ausführung war er mit einem PVC-Belag oder mit Faservlies ausgelegt. Das Reserverad lag erstmals bei einem VW-Pkw waagerecht vor der Vorderachse, was nicht nur Platz sparte, sondern zugleich auch ein Sicherheitselement darstellte. Die Entriegelung für den Kofferraum befand sich wie bei allen Volkswagen-Pkw jener Zeit im Handschuhfach. War dieses mit einem abschließbaren Schloss versehen, war zugleich auch der Kofferraum diebstahlsicher.
Die Doppelgelenk-Hinterachse mit Längslenkern war fast identisch mit der des *Typ 3*. Allerdings hatte sie als Federungselemente jetzt progressive Schraubenfedern mit doppelt wirkenden Teleskopstoßdämpfern und progressiven Gummihohlfedern auf jeder Radseite anstelle der bisher bei allen Volkswagen verwendeten Drehstäbe. Diese Radaufhängung verursachte nur geringe Sturz- und Spurweitenänderungen. Die Gesamtkonstruktion dieser Achse mit gepfeilt versetzten Gelenkwellen der für Volkswagen neuartigen Radaufhängung und Federung gaben dem Fahrzeug, in Verbindung mit den breiten Gürtelreifen, komfortable Fahreigenschaften und eine ausgezeichnete Straßenlage.
Die Fahrleistungen des *VW 411* wurden durch eine Zweikreis-Bremsanlage mit Scheibenbremsen vorn und Trommelbremsen hinten beherrschbar. Zusätzlich bekam die Hinterradbremse einen Bremskraftregler, der den Leitungsdruck zu den Hinterradbremszylindern auf einen festgelegten Wert minderte.
Bei der Lenkung handelte es sich um eine Kugelumlauflenkung mit dreiteiliger Spurstange und Sicherheitslenksäule. Sie zeichnete sich durch geringe Bedienkräfte, höhere Rückstellkräfte und geringen Verschleiß aus.
Wie die übrigen Volkswagen-Pkw bekam auch der *VW 411* 15-Zoll-Räder, die schon aufgrund ihrer Größe einen geringen Reifenverschleiß garantierten. Außerdem absorbierten sie kurze Fahrbahnstöße besser als kleinere Räder. Serienmäßig waren Gürtelreifen der Dimension 155 SR 15.

Die Werbung für den VW 411 im Jahre 1968. »Der Große aus Wolfsburg« zeigt, wie stolz man auf diesen Wagen war, der mit seiner technischen Innovation in ein für Volkswagen damals neues Marktsegment vorstieß.

Das vollsynchronisierte Schaltgetriebe war eine Neukonstruktion, das Automatikgetriebe war das des *Typ 3*.

Die Karosserie war nach damaligen Maßstäben aerodynamisch optimiert worden. Eine Maßnahme, die diese Aerodynamik unterstützte, war die große, gewölbte Windschutzscheibe, die bis ins Dach hineinreichte. Diese relativ schräg eingebaute Windschutzscheibe war zugleich eine Voraussetzung dafür, dass die Instrumententafel räumlich tief gestaltet werden konnte. Der *411 L* besaß serienmäßig ein Frischluftgebläse an der Schalttafelrückseite, sodass das Wageninnere auch bei stehendem Fahrzeug über die Frischluftdüsen belüftet werden konnte. Der Frischlufteinlass lag im Windlauf. Die Luft wurde anschließend über einen Beruhigungsraum zum Verteilerkasten und von

Dieser abgebildete Motor mit elektronischer Einspritzung leistete aus einem Hubraum von 1,7 Litern 80 PS (59 kW). Erst mit diesem Aggregat war der VW 411 LE ausreichend motorisiert.

dort durch flexible Schläuche zu den Öffnungen an der Schalttafel-Oberseite und zu einem verstellbaren Innenausströmer in der Schalttafel-Vorderseite geführt. Die serienmäßige Frischluftheizung konnte im Bedarfsfall durch eine Zusatzheizung, die auch als Standheizung verwendbar war, verstärkt werden. Sie wurde auch den Anforderungen bei tiefen Temperaturen gerecht. Unterhalb des Heckfensters befanden sich Schlitze, die über einen Entlüftungskanal mit den beiden hinter den jeweiligen Seitenfenstern liegenden Entlüftungsöffnungen verbunden waren.

Die zwei gepolsterten Sonnenblenden waren schwenkbar angebracht, die für den Beifahrer besaß in der L-Ausführung einen Make-up-Spiegel.

Die, wie beim *VW 1600 TL*, sehr schräg abfallende Dachlinie mit einem großen Heckfenster endete in einem verhältnismäßig kurzen, kompakten Heck, in dem der Flachmotor mit seinen Nebenaggregaten untergebracht war. Oberhalb des Motors existierte unter dem Heckfenster eine Ablage mit einem Inhalt von 170 Litern. Hier konnten leichtere und eventuell während der Fahrt benötigte Gegenstände abgelegt werden, ohne dass sie beim Bremsen nach vorn auf die Sitze rutschten.

Die verschiedenen Parameter von Motor, Zusatzaggregaten und Technik sowie Abmessungen und Gewichten sind nachfolgend wiedergegeben:

VW Typ 3		
Motor	**1968–1969**	**1970–1973**
Bauart	4-Zylinder-Boxer, flache Bauart	
Kühlung	Luft, Gebläse	
Hubraum (cm^3)	1679	
Bohrung (mm)	90	
Hub (mm)	66	
Leistung (PS/kW)	68/50	80/59
Kompression	1:7,8	1:8,2
Drehzahl (1/min)	4500	4900
Drehmoment (Nm)	124,6 bei 2800 1/min	132,4 bei 2700 1/min
Anordnung der Ventile	hängend, Stoßstangen und Kipphebel, zentrale Nockenwelle, Antrieb durch Stirnräder	
Kurbelwellenlager	4	
Vergaser	2 Fallstr. Solex 34 PDSIT mit Startautomatik	elektronisch gesteuerte Bosch Kraftstoff-Einspritzung
Kraftstoffanlage	mechanische Pumpe	
Zündfolge	1-4-3-2	
Zusatzaggregate und Technik		
Anlasser (PS)	0,7	0,8
Lichtmaschine (W)	Drehstrom 450	Drehstrom 510
Kupplung	Einscheibentrockenkupplung	hydrodynamischer Wandler
Getriebe	4 V, 1 R	3-Gang Planetengetriebe
Antrieb	Hinterachse	
Vorderachse	Einzelradaufhängung	

Vorderradaufhängung	McPherson-Federbeine, Schraubenfedern,	
Stabilisator	Stabilisator	
Hinterradaufhängung	Schräglenker, Schraubenfedern, Variant: zusätzlich Stabilisator	
Lenkung	Kugelumlauf (135:1) 3 Lenkradumdrehungen	
Bremse	Zweikreis-Hydraulik; ab 1971 a. W.: Servohilfe	
Handbremse	Seilzug, Hinterräder	
Felgenart	Scheiben 41/2 J × 15	
Abmessungen und Gewichte	**1968–1969**	**1970–1973**
Reifengröße	155 SR 15	155 SR 15; Variant 165 SR 15
Spur vorn/hinten (mm)	1376/1342	
Radstand (mm)	2500	
Länge (mm)		
411	4525	
411 L	4553	
Breite (mm)		
411	1635	
411 L	1650	
Höhe (mm)	1485	
Wendekreis (m)	11,7	
Höchstgeschwindigkeit (km/h)	145 (Automatik 142)	155 (Automatik 152)
Beschleunigung 0–100 km/h (sec)	18 (Automatik 22)	17 (Automatik 19)
Leergewicht (kg)	1020	1080
zul. Gesamtgewicht (kg)	1470	1530
Tankinhalt (l)	50	
Verbrauch (l/100 km)	12,5 (Automatik 13,5)	13 Super (Automatik 14)

Die kompakte Bauweise des Motors begünstigte eine tiefe Schwerpunktlage des Fahrzeugs mit positiven Auswirkungen auf das Fahrverhalten. Dazu erzielte man eine verlustarme Kraftübertragung. Das Kühlgebläse saß, wie auch beim *Typ 3*, auf der Kurbelwelle. Diese Konstruktion brachte schon bei geringen Drehzahlen eine ausreichende Kühlung des Motors. Da das Gebläsegehäuse aus Druckguss bestand, trug es wesentlich zur Geräuschreduzierung und damit zum Komfort der Fahrzeuginsassen bei.

Das stark unterquadratische Hub-Bohrungsverhältnis des Motors war wie bei allen Volkswagen-Motoren eine Garantie für ihre Langlebigkeit. Die Motordrehzahl blieb unterhalb der in der Leistung vergleichbaren Aggregate der Wettbewerber. Da auch das Verdichtungsverhältnis im unteren Bereich üblicher Werte lag, sprach man in der Werbung beim *Typ 4-Motor* von einem Drosselmotor mit hoher Lebensdauer.

Der Motor war bei den Limousinen durch einen Deckel unterhalb der Heckscheibe zugänglich, dessen Entriegelungsknopf sich in der linken B-Säule befand. Auf der Motorhaube waren in zwei Gruppen, die durch einen etwas breiteren Mittelsteg getrennt waren, senkrechte Schlitze eingeprägt, die der Luftzuführung für die Kühlung des Motors dienten. Beim Variant be-

Der VW 411 war ein aerodynamisch optimiertes Auto mit stark geneigter Frontscheibe und einem Fließheck. Bei der abgebildeten Version handelte es sich um den ersten serienmäßigen Volkswagen mit vier Türen.

Die übersichtliche Armaturentafel des VW 411 L. Alle Instrumente und Bedienknöpfe waren ergonomisch am richtigen Platz.

Die neue Frontansicht des VW 411. Mit den Doppelscheinwerfern wirkte der VW 411 eleganter als mit den bisher hinter der gemeinsamen Streuscheibe eingebauten Leuchten.

fanden sich, wie beim *Typ 3 Variant,* die Luftschlitze in den hinteren Kotflügeln.

Die selbsttragende Karosserie der Limousine konnte erstmals bei Volkswagen auch viertürig geliefert werden. Den *VW 411* gab es als Normal- oder als Luxus-Ausstattung. Der Boden der N-Ausführung war mit Gummimatten ausgelegt, bei den L-Modellen war es Schlingenteppich. Das Dach, die Seiten des Innenraums, einschließlich der Tür- und Seitenverkleidungen, und teilweise die Vordersitze waren bei beiden Ausstattungsvarianten mit abwaschbaren, hellen Kunststoffen bespannt. Die Instrumententafel war gepolstert und entsprach so den neuesten Sicherheitsvorschriften. Ihre Oberfläche war matt, sodass Spiegelungen in der Windschutzscheibe weitestgehend verhindert wurden.

Alle Schalter waren als Drehschalter großflächig konstruiert, lagen griffgünstig sowie übersichtlich und waren mit Symbolen gegen Verwechslung gekennzeichnet. Vor dem Beifahrersitz befand sich in der Instrumententafel ein Handschuhfach mit Deckel, das durch ein Schloss mit Drehknopf verriegelt war. Bei der L-Ausstattung war das Schloss abschließbar. In der Mitte der Armaturentafel befand sich ein Einbauraum für ein Radio, der mit einer Blende verschlossen war.

Die vorderen Einzelsitze besaßen vielfältige individuelle Einstellmöglichkeiten in Längsrichtung und Höhe. In der Lehne der Rücksitzbank befand sich eine herausklappbare Mittelarmlehne. Die Vordersitzlehnen waren verriegelbar, und man konnte für sie optional Kopfstützen bestellen. Damit wurde aber nur ein Beitrag für die Sicherheit der Fahrgäste abgedeckt. Hinzu kamen Details wie die serienmäßigen Befestigungspunkte für Dreipunkt-Sicherheitsgurte – die Gurte waren aber immer noch eine Mehrausstattung –, die gepolsterten Dachholme, das Sicherheits-Lenkrad mit tief liegender Nabe und Aufschlagpolster, die verbesserte Heizung, um weitgehend das Beschlagen der Fenster zu vermeiden, die beheizbare Heckscheibe – serienmäßig bei der L-Ausführung –, der Sicherheits-Innenspiegel, die versenkten Türgriffe und, sofern bestellt, der versenkte Griff für das Stahlkurbeldach.

Bei allen Ausführungen waren die Türen von außen durch eine im Türgriff liegende Grifftaste und von innen durch Ziehen einer Sicherungstaste zu öffnen. Da dadurch ein Türschlüssel zum Abschließen nicht un-

bedingt erforderlich war, musste der Gefahr des unbeabsichtigten Ausschließens begegnet werden. Daher löste sich beim Schließen der Tür die Verriegelung. Erst wenn gleichzeitig mit dem Schließen der Tür von außen die Grifftaste gehalten wurde, konnte der Wagen ohne Schlüssel verriegelt werden.
Die elektrische Anlage entsprach in jeder Beziehung dem Stand der Technik. Die Drehstrom-Lichtmaschine lieferte bereits bei geringen Drehzahlen Energie. Die asymmetrischen Scheinwerfer waren unter einer ovalen Abdeckung zusammengefasst und in die vorderen Kotflügel eingebaut. Diese Version wurde aber bereits *1969* wieder aufgegeben und durch Doppelscheinwerfer ersetzt. In der *L-Ausführung* besaß der *VW 411* auf jeder Seite eine Parkleuchte. Die Rückleuchten waren in Dreikammer-Ausführung gebaut. Die Scheibenwischer bewegten sich in zwei Wischerstufen.
Die Windschutzscheibe besaß Sichtinseln, die auch bei beschädigter Scheibe noch eine begrenzte Sicht nach vorn zuließen. Alle Türen waren mit Kurbelfenstern ausgestattet, die vorderen auf Wunsch zusätzlich mit Drehfenstern. Bei den zweitürigen Limousinen konnte der Kunde sich gegen Aufpreis hinten Schwenkfenster einbauen lassen. Um gefährliche tote Winkel zu vermeiden, legten die Karosseriekonstrukteure großen Wert auf schlanke Säulen. Hier ging man bis an die Grenze des für die Karosseriestabilität Vertretbaren.
1969 wurde das Modellprogramm des *Typ 4* um den *Typ 46*, den *Variant*, ergänzt, der die *Modellnummern 461* und *462* bekam. Der Aufbau dieses Fahrzeugs entsprach dem des *Typ 36*. Er war oberhalb der Gürtellinie nach hinten ohne Stufe so verlängert, dass auf jeder Seite ein drittes Seitenfenster und am Heck eine nach oben öffnende Ladeklappe eingebaut werden konnten. Auch bei diesem Modell waren die hinteren Sitze zur Vergrößerung der Ladefläche umklappbar. Der Motor war durch eine Klappe im Laderaum erreichbar.
Im Jahre *1969* gab es vom *Typ 4* neben dem bewährten, aber etwas schwachen 68-PS-Zweivergasermotor auch ein Aggregat mit 80 PS, das die Einspritzanlage des *Typ 3* bekommen hatte.
Für ein verbessertes Fahrverhalten bekam die Limousine an der Hinterachse einen Stabilisator angebaut. Sowohl die *VW 411 Limousine* als auch der *Variant* erhielten eine veränderte Motoraufhängung, die zur Reduzierung der Innengeräusche beitrug. Um Spiegelungen in der Windschutzscheibe zu vermeiden, wurden die Instrumente tiefer in die Schalttafel verlegt.

Der Typ 3 Variant (links) und der Typ 4 Variant (rechts) in der direkten Gegenüberstellung. Man sieht nur die optische Verwandtschaft, aber auch technisch gab es zwischen den beiden Fahrzeugen viele Gemeinsamkeiten.

1969:
Der 181, ein neues Modell vom Typ 1

1969 kam ein weiteres Modell vom *Typ 1* auf den Markt, das in gewisser Weise an ein älteres Modell anknüpfte: der *VW 181*. Rein optisch ließ er eine große Verwandtschaft mit dem Wehrmachtskübelwagen *Typ 82* erkennen; von der Typenbezeichnung schloss er sich an das ab Ende der *1940er-Jahren* gebaute Polizei-Einsatzfahrzeug *Typ 18 A* an. Beides war nicht ohne Absicht.

1964/1965 hatte die Volkswagenwerk AG die Auto Union GmbH in Ingolstadt übernommen, die bisher die Bundeswehr und einen Teil der Nato-Truppen mit dem Geländefahrzeug Munga beliefert hatte. Als man sich seitens Volkswagen bei der Übernahme jedoch entschloss, die Produktion der Fahrzeuge mit Zweitaktmotor in Ingolstadt einzustellen, fühlte sich Volkswagen in der Verantwortung, ein Alternativfahrzeug anzubieten. Nach einem Lastenheft, das die Bundeswehr vorgegeben hatte, entstand das *Modell 181*.

Wie schon aus der Modellbezeichnung zu erkennen ist, stammten die Hauptbaugruppen des Fahrzeugs – Motor und Fahrwerk – vom *Typ 1*. Der Aufbau war dagegen eine Neuentwicklung mit Anlehnung an gewisse Bauprinzipien des Viersitzer-Cabriolets. Die Form war allerdings durch den Verwendungszweck als Mehrzweckfahrzeug vorgegeben. Sie sollte möglichst einfach und reparaturfreundlich sein. Der Rahmen war ähnlich dem des *Typ 14*, also breiter als der

Die ursprüngliche Version des VW 181 in seiner militärischen Ausführung. In dieser Ausstattung entsprach er dem Lastenheft, das die Bundeswehr aufgestellt hatte.

Das spätere Modell des VW 181 für die zivile Nutzung. Die Kühlluftansaugschlitze, die ursprünglich offen in den hinteren Seitenteilen untergebracht worden waren, waren bei diesem Modell durch geformte Bleche abgedeckt, sodass die Luft jetzt aus der staubfreien Zone oberhalb des Fahrzeugs angesaugt wurde.

Der in Mexiko gebaute VW 181 war hauptsächlich ein Freizeitfahrzeug. Hier stand eine Flotte dieser Wagen für den Transport von Gästen aus Anlass des Ablaufs des 20 000 000. Käfers im mexikanischen Volkswagenwerk in Puebla bereit.

der Limousine, da die Trittbretter entfielen. Die Hinterachse entsprach mit geringfügigen Veränderungen der Pendelachse des *Typ 2* mit dem Vorgelege zur Erhöhung der Bodenfreiheit.

Der offene Aufbau war – wie auch beim *Typ 1* generell – mit dem Rahmen verschraubt. Die unteren Seitenholme waren sehr weit hochgezogen, um genügend Verwindungssteifigkeit und Watfähigkeit zu erzielen, eine Voraussetzung für den Einsatz im unwegsamen Gelände. Die B-Säule diente für die vordere Tür als Schloss-Säule und für die hintere als Scharniersäule.

Die Innenausstattung des Fahrzeugs war, seinem Verwendungszweck entsprechend, sehr einfach gehalten. Sitze und Lehnen waren mit Kunstleder bezogen, im Fußraum lagen gelochte Gummimatten, an den Seitenteilen und Türen gab es keinerlei Verkleidungen. Das Allwetterverdeck bestand aus einem zusammenfaltbaren Verdeckgestell und einem Verdeckbezug aus PVC. Die Türen waren Halbtüren, in die als Wetterschutz Steckfenster eingesetzt werden konnten, die ansonsten ihren Stauraum hinter den Sitzen im Gepäckraum hatten. Die Windschutzscheibe war nach vorn klappbar. Sie konnte in dieser Stellung arretiert werden und lag auf Gummipuffern, die auf dem vorderen Deckel befestigt waren. Der Deckel war von außen durch ein Druckknopfschloss zu öffnen. Der Tankeinfüllstutzen befand sich außen am rechten vorderen Seitenteil.

Die technischen Parameter und Abmessungen waren verständlicherweise denen der Käfer-Limousine ähnlich:

VW Typ 181			
Motor			
Bauart	4-Zylinder-Boxermotor		
Kühlung	Luft, Gebläse		
Hubraum (cm^3)	ab August 1969: 1493	ab August 1970: 1584	ab März 1973: 1584
Bohrung (mm)	83	85,5	85,5
Hub (mm)	69	69	69
Leistung (PS/kW)	44/32	44/32	48/35
Kompression	1:7,5	1:6,6	1:7,3
Drehzahl (1/min)	4000	3800	4000
Drehmoment (Nm)	100 bei 2000 1/min	96 bei 2000 1/min	100 bei 2000 1/min
Anordnung der Ventile	hängend, Stoßstangen und Kipphebel zentrale Nockenwelle, Antrieb durch Stirnräder		
Kurbelwellenlager		4	
Vergaser	1 Solex 30 PICT-2 Fallstromvergaser	1 Solex 31 PICT-31 Fallstromvergaser	1 Solex 34 PICT-3 Fallstromvergaser
Fallstromvergaser	mechanische Pumpe		
Zündfolge	1-4-3-2		
Zusatzaggregate und Technik			
Anlasser (PS)	0,7		
Lichtmaschine (W)	280 Gleichstrom		
Kupplung	Einscheibentrockenkupplung		
Getriebe	4 V, 1 R		
Antrieb	Hinterachse		

Vorderradaufhängung	Kurbellenker oben und unten, 2 quer durchgehende Vierkant-Federstäbe, Stabilisator	
Hinterradaufhängung	Eingelenk-Pendelachse Längslenker 2 Federstäbe quer	Zweigelenk-Pendelachse, Schräglenker
Lenkung	Schnecke (14,34 : 1) 3 Lenkradumdrehungen	
Bremse	Zweikreis-Hydraulik, 4 Räder, Trommel, Bremsfläche 716 cm^2	
Handbremse	Seilzug Hinterrad	
Felgenart	Scheiben Fünfloch $4^1/_2$ K × 15; ab März 1971 Fünfloch 5 JK × 14	
Abmessungen und Gewichte		
Reifengröße	165 SR 15 M+S; ab März 1971 185 SR 14 M+S	
Spur vorn/hinten (mm)	mit 15"-Reifen 1324/1436 mit 14"-Reifen 1354/1385	
Radstand (mm)	2400	
Länge (mm)	3780	
Breite (mm)	1640	
Höhe (mm)	1620	
Wendekreis (m)	10,2	
Watfähigkeit	396 (mm)	
Höchstgeschwindigkeit (km/h)	mit 1,5-Liter-Motor 115 mit 1,6-Liter-Motor 120	
Beschleunigung 0–100 (sec)	mit 1,5-Liter-Motor 34 mit 1,6-Liter-Motor 30	
Leergewicht (kg)	910	
zul. Gesamtgewicht (kg)	1340	
Tankinhalt (l)	40	
Verbrauch (l/100 km)	44 PS: Straße 12; Gelände 15 48 PS: Straße 12,5; Gelände 16	

Beim 1,6-Liter-Motor, der ab *1970* Verwendung fand, wurden verschiedene Maßnahmen zur Verbesserung der Zylinder- und Zylinderkopfkühlung vorgenommen: Die Einlassventile wurden vergrößert, die Ölpumpenräder zur Erhöhung der Fördermenge verbreitert, das Kühlgebläsegehäuse mit dem Ölkühler im Nebenstrom wurde ebenso geändert wie die Motorverblechung am Kühlgebläsegehäuse.

Die Schalttafelabdeckung im Kopfaufschlaggebiet wurde den Sicherheitsvorschriften angepasst, die Windschutzscheibenbefestigung wurde zur Erfüllung gesetzlicher Vorschriften geändert. Der Zugknopf für den vorderen Deckel wurde aus dem Knieaufschlaggebiet in den Handschuhkasten verlegt.

Nachdem der Bedarf der Bundeswehr für dieses Fahrzeug gedeckt war und die Verkäufe an private Kunden keine größeren Stückzahlen erreichten, wurde die Produktion *Mitte 1972* komplett nach Mexiko verlagert. Dort wurde der Wagen insbesondere als Freizeit- und Strandfahrzeug weitergebaut. Der geringe Ersatzbedarf für die Bundeswehr kam dann ebenfalls aus dem mexikanischen Volkswagenwerk in Puebla.

Der Typ VW Porsche 914: ein Sportwagen, den es auch als Porsche gab

Ab Baujahr *1969* gab es im Modellprogramm des Volkswagenwerks erstmals einen echten Sportwagen, den *Typ 914*, der intern unter der *Typenbezeichnung 47* und den Modellbezeichnungen 471–472 Mittelmotor-Sportwagen geführt wurde. Der Wagen war kompromisslos auf Sportwagen getrimmt und in zwei Motorvarianten erhältlich: als Volkswagen zunächst mit einem 1,7-Liter-Vierzylinder-Motor und als Porsche mit einem 2,0-Liter-Sechszylinder-Motor, beide in Boxeranordnung. Die technischen Daten der Volkswagen-Version waren:

VW Porsche 914	
Motor	
Bauart	4-Zylinder-Boxer-Flachmotor
Kühlung	Luft, Gebläse
Hubraum (cm^3)	1679
Bohrung (mm)	99
Hub (mm)	66
Leistung (PS/kW)	80/59
Kompression	1:8,2
Drehzahl (1/min)	4900
Drehmoment (Nm)	133,4 bei 2800 1/min
Anordnung der Ventile	oben liegend, zentrale Nockenwelle, über Stirnräder
Kurbelwellenlager	4
Vergaser	Kraftstoff-Einspritzung Bosch/ 2 Fallstromvergaser Solex 40 PDSIT oder Weber
Kraftstoffanlage	Pumpe elektrisch
Zündfolge	1-4-3-2
Zusatzaggregate und Technik	
Anlasser (PS)	0,8
Lichtmaschine (W)	510 Drehstrom
Kupplung	Einscheibentrockenkupplung
Getriebe	5 V, 1 R vollsynchron oder 4-Gang-Sportomatic
Antrieb	Hinterachse
Vorderradaufhängung	Dreieckslenker, McPherson-Federbeine, Schraubenfedern, Stabilisator
Hinterradaufhängung	Schräglenker, Schraubenfedern
Lenkung	Zahnstangenlenkung mit zweigeteilter Spurstange

Zusatzaggregate und Technik	
Bremse	Zweikreis-Hydraulik, vorn und hinten Scheibenbremsen, 4 Räder
Handbremse	Seilzug, Hinterräder
Felgenart	Stahlscheiben, 4,4 J × 15; wahlweise 5,5 J × 15
Abmessungen und Gewichte	
Reifengröße	155 SR 15; wahlweise 165 SR 15
Spur vorne/hinten (mm)	1337/1374 (bei 4,5“) 1339/1380 (bei 5,5“)
Radstand (mm)	2450
Länge (mm)	3985
Breite (mm)	1650
Höhe (mm)	1230
Höchstgeschwindigkeit (km/h)	177
Beschleunigung 0–100 (sec)	13,5
Leergewicht (kg)	940
Tankinhalt (l)	62
Verbrauch (l/100 km)	12

Der VW Porsche 914 war ein elegantes Sportcoupé mit Hardtop und Mittelmotor. Das Foto zeigt das Fahrzeug mit der Fahrgestell-Nummer 1.

Neu bei einem Volkswagen war die zentrale Lage des Motors vor der Hinterachse. Diese Triebwerksanordnung hatte zwar zur Konsequenz, dass das Fahrzeug lediglich über zwei Sitzplätze verfügte, doch die fahrtechnischen Vorteile dieses Konstruktionsprinzips waren offensichtlich:

- für sportliches und sicheres Fahren optimierte Gewichtsverteilung,
- geringe Achslaständerungen durch Zuladung,
- großer Radstand bei bescheidener Gesamtlänge und kleines Trägheitsmoment um die Hochachse,
- verbunden mit schnellem Gehorchen bei Fahrtrichtungswechsel und präziser Lenkarbeit.

Das Fahrzeug verfügte über zwei Gepäckräume, die beide von außen zugänglich waren. Im hinteren Kofferraum konnte das kurze, stabile, aber extrem leichte Kunststoffdach – es wog nur 9 Kilogramm – untergebracht werden, ohne die Mitnahme von Gepäck wesentlich zu beschränken. Ein kräftiger Überrollbügel fügte sich harmonisch in die Karosserielinie ein und bot den Insassen optimalen Schutz bei einem Fahrzeugüberschlag. Die große, gewölbte Windschutzscheibe und der Sturzbügel mit der senkrecht stehenden Heckscheibe stellten sicher, dass man auch bei offenem Fahrzeug zugfrei reisen konnte.

Die Gürtellinie des Modells 914 war sehr niedrig. In diese Linie fügten sich die elektrisch betätigten Klappscheinwerfer harmonisch ein, die vollständig in der Karosserie verschwanden, wenn sie nicht benötigt wurden. Ausgefahren leuchteten sie die Fahrbahn mit ihrem asymmetrischen Abblendlicht in ausreichender Höhe aus.

Der *Typ 47* kam aber nicht nur äußerlich dem Trend zu einem sportlichen Auto entgegen. Die Radaufhängung, die Lenkung, aber auch die Schalensitze wurden sorgfältig den Erfordernissen an das schnelle Fahren angepasst. Die Sitzbreite des *VW Porsche 914* war so großzügig bemessen, dass der Wagen in Deutschland und vielen anderen Ländern als Dreisitzer zugelassen war.

Der Fahrersitz besaß eine angeformte Kopfstütze und war in Längsrichtung und Höhe verstellbar. Der Beifahrersitz war allerdings statisch. Lehnenkissen und Kopfstütze waren an der Rückwand des Fahrzeugs befestigt. Um dem Beifahrer trotzdem genügend Anpassung an seine individuelle Körpergröße zu geben, verfügte der *VW Porsche 914* über eine Fußstütze, die sich verschieben ließ.

Die große, gewölbte Windschutzscheibe bestand aus Schichtglas, sodass auch nach einer Beschädigung noch Sichtinseln vorhanden waren. Die plane, senkrecht stehende Heckscheibe wurde vom Überrollbügel überdacht und blieb auch bei schlechtem Wetter beschlagfrei. Als Mehrausstattung stand eine Heckscheibenheizung zur Verfügung. Die Türen besaßen fest eingeglaste, gebogene Dreieckfenster und gebogene, rahmenlose Kurbelfenster.

Die Schalttafel war unter Berücksichtigung der Sicherheitsvorschriften funktionell gestaltet. Sie war gepolstert und ihre Oberfläche in mattschwarz gehalten, sodass Spiegelungen in der Windschutzscheibe weitestgehend vermieden wurden. Alle Schalter entsprachen denen der anderen Volkswagen-Modelle. Es handelte sich um gummiarmierte Drehschalter. Sie waren großflächig und elastisch. Außerdem waren sie zur besseren Erkennung mit Symbolen versehen. Vor dem Beifahrersitz befand sich ein abschließbares Handschuhfach, in der Mitte der Instrumententafel eine mit einer Blende verschlossene Einbaumöglichkeit für ein Radio.

Die Belüftung des Wagens erfolgte durch Stauluft, die, durch Luftaustrittschlitze vor der Windschutzscheibe und durch einen Wasserabscheider geleitet, in das Fahrzeuginnere gelangte. Zur Verstärkung des Luftstroms gab es ein elektrisches Gebläse. Die Entlüftung des Wagens erfolgte über kaschierte Luftaustrittlöcher im oberen Bereich der Schlosssäule außerhalb der Türdichtungen. Zu Erwärmung des Fahrzeugs wurde die Motorgebläseluft über Wärmetauscher geleitet. Sie gelangte dann durch die kombinierten Frischluft-Warmluftdüsen ins Wageninnere.

Das Thema Sicherheit wurde, wie bei allen Volkswagen-Modellen, auch beim *VW Porsche 914* großgeschrieben. Es gab Befestigungsmöglichkeiten für Sicherheitsgurte, die oben schon angesprochene Sicherheits-Instrumententafel, ein Sicherheitslenkrad mit tief liegender Nabe sowie eine sorgfältige Luftführung, die das Beschlagen der Scheiben verhinderte. Auch der Innenspiegel war unter Sicherheitsaspekten konstruiert worden. Die Sonnenblenden waren gepolstert und seitlich schwenkbar. In der Blende auf der Beifahrerseite befand sich ein Make-up-Spiegel.

Der VW Porsche 914 S besaß nicht nur einen leistungsstärkeren Motor mit 100 PS, sondern war auch äußerlich an den verchromten Stoßfängern und dem schwarz lackierten Überrollbügel zu erkennen. (Foto: B. Hahn)

Gegen einen Aufpreis von DM 600 gab es den *VW Porsche 914* in einer optisch aufgewerteten Version als *914 S* mit verchromten Stoßfängern, einem schwarzen Überrollbügel, Chromleisten an den Radausschnitten und Halogenscheinwerfern. Die Sitze dieses Modells kamen optisch noch sportlicher als die Serienausstattung daher: mit Pepitabezügen.

Ab Baujahr *1972* gab es den *VW Porsche 914* mit einem 2-Liter-Einspritzmotor mit einem Hubraum von 1971 cm^3 und einer Leistung von 100 PS (74 kW). Mit dieser Motorisierung erreichte der Sportwagen eine Höchstgeschwindigkeit von 192 km/h.

Mit dem Sportwagen *VW Porsche 914* besaß Volkswagen nicht nur ein völlig neues Modell im Verkaufsprogramm, sondern man ging auch beim Vertrieb einen neuen Weg. Der Wagen wurde über eine eigens dafür geschaffene neue Vertriebsgesellschaft, die VW Porsche-Vertriebsgesellschaft mbH mit Sitz in Ludwigsburg verkauft. Beide Partner, Volkswagen und Porsche, waren an diesem Unternehmen zu jeweils 50 Prozent beteiligt. Die Produktion des *VW Porsche 914* erfolgte in Osnabrück bei Karmann, für die größere Variante mit dem Porsche-Motor war die Endmontage allerdings in Stuttgart.

1970, 1971: Ein völlig neuer Käfer

Die Produktion des *VW 1500* wurde *1970* eingestellt. Seinen Platz nahm ein völlig neues Modell ein, der *VW 1302*, der unter den gleichen *Modell-Bezeichnungen 113, 114, 117* und *118* im Typenprogramm lief. Eine Differenzierung der Modelle erfolgte erst in der zweiten, dreistelligen Zifferngruppe. Für das Inland gab es folgende Modellschlüssel:

Modellschlüssel	
113 111	VW 1302 Limousine mit 34-PS-Motor
117 111	VW 1302 Limousine mit 34-PS-Motor, mit Stahlkurbeldach
113 121	VW 1302 Limousine mit 44-PS-Motor
117 121	VW 1302 Limousine mit 44-PS-Motor, mit Stahlkurbeldach
113 122	VW 1302 Limousine mit 44-PS-Motor, mit Automatik
117 122	VW 1302 Limousine mit 44-PS-Motor, mit Automatik
113 131	VW 1302 S Limousine mit 50-PS-Motor
117 131	VW 1302 S Limousine mit 50-PS-Motor, mit Stahlkurbeldach
113 132	VW 1302 S Limousine mit 50-PS-Motor, mit Automatik
117 132	VW 1302 S Limousine mit 50-PS-Motor, mit Automatik und Stahlkurbeldach
113 141	VW 1302 LS Limousine mit 50-PS-Motor
117 141	VW 1302 LS Limousine mit 50-PS-Motor, mit Stahlkurbeldach
113 142	VW 1302 LS Limousine mit 50-PS-Motor, mit Automatik
117 142	VW 1302 LS Limousine mit 50-PS-Motor, mit Automatik und Stahlkurbeldach

Serienmäßig standen für diese Fahrzeuge drei alternative Motoren zur Verfügung, die keine grundsätzlichen Neuentwicklungen waren, sondern Verbesserungen des Bewährten durch konstruktive Maßnahmen wie optimierte Ansaugkanäle, Doppeleinlass am Zylinderkopf und eine bessere Kühlung boten. Das Drehmoment des 1,6-Liter-Motors lag höher als beim 1,5-Liter-Motor, was sich vor allem günstig auf die Beschleunigung und die Fahrleistungen am Berg auswirkte. Diese Motoren erfüllten die Abgasvorschriften, sowohl für Deutschland als auch für die USA.

Die größere Bauhöhe des 1,3- und des 1,6-Liter-Motors bedingte eine stärker gewölbte Motorhaube. Die zehn waagerechten Luftschlitze auf der Haube wurden beibehalten.

Nicht nur die Motoren wurden geändert, sondern auch das gesamte Fahrgestell wurde neu entwickelt. Es war um insgesamt 75 Millimeter verlängert worden und bekam eine Querlenker-Federbein-Vorderachse. Daraus ergaben sich vorn erhebliche Rahmenänderungen mit einem jetzt flach ausgebildeten Querhaupt anstelle des Rahmenkopfes. An ihm waren Querlenker und ein Stabilisator befestigt. Je ein Federbein auf jeder Seite war Träger einer hoch liegenden Schraubenfeder, unten mit Kugelgelenken an den Querlenkern, oben in Gummimetalllagern am Karosserieblech im vorderen Gepäckraum befestigt. An den Rahmenkopf war jetzt außerdem rechts eine Abschleppöse angeschweißt, die bisher auf dem rechten Stoßfängerträger befestigt war. Durch diese neue Achskonstruktion veränderten sich auch die Maße und Gewichte des *VW 1302/1302 S:* Der *1302* war um 74 Millimeter länger als die Modelle mit dem alten Vorderwagen.

Auch die Hinterachse des *VW 1302* wurde aufgewertet. Es war jetzt die vom Automatik-Käfer bekannte Schräglenker-Hinterachse, die gemeinsam mit der Federbein-Vorderachse für eine ausgezeichnete Straßenlage sorgte. Es war damals nicht übertrieben,

VW 1302			
Motor			
	1,2 Liter	**1,3 Liter**	**1,6 Liter**
Bauart	Vierzylinder-Boxermotor, zweiteiliges Kurbelgehäuse aus Magnesium-Legierung		
Kühlung	Luft, Gebläse		
Hubraum (cm³)	1192	1285	1584
Bohrung (mm)	77	77	85,5
Hub (mm)	64	69	69
Leistung (PS/kW)	34 (25)	44 (32)	50 (37)
Kompression	1:7,3	1:7,5	1:7,5
Drehzahl (1/min)	3800	4100	4000
Drehmoment (Nm/1/min)	75,5/1700	86,3/3000	105,9/2800
Höchstgeschwindigkeit (km/h)	116	125	135
Verbrauch (l/100 km)	10	10,5	11,5
Anordnung der Ventile	hängend, Stoßstangen und Kipphebel, zentrale Nockenwelle, Antrieb durch Stirnräder		
Kurbelwellenlager	4		
Vergaser	Solex 30 PICT-3		Solex 34 PICT-3
Kraftstoffanlage	mechanische Pumpe		
Zündfolge	1-4-3-2		

Der VW 1302 mit dem neuen, größeren Vorderwagen und der Federbeinachse. Er bot mit seiner neuen Fahrwerkskonstruktion ein für Käferfahrer völlig neues Fahrgefühl.

VW 1302/1302 S	
Abmessungen und Gewichte	
Reifengröße	4 J × 15 (ab Februar 1972: 4,5 J × 15)
Spur vorn/hinten (mm)	1379/1352 (ab August 1971: 1391/1362) bei Trommelbremse 1387/1352
Radstand (mm)	2420
Länge (mm)	4080
Breite (mm)	1585
Höhe (mm)	1500
Wendekreis (m)	9,6
Gesamtgewicht (kg)	870
Tankinhalt (l)	42
Anzahl der Sitze	5

wenn die Werbung dieses Fahrwerk als eines der technisch aufwendigsten Fahrwerke seiner Klasse lobte.

Entsprechend dem Fahrgestell wurde auch der Aufbau, besonders vorn, komplett überarbeitet. Die neue Vorderachse erlaubte es, den Kofferraumboden wesentlich abzusenken und damit das Volumen des Gepäckabteils um 75 Prozent zu vergrößern. Er fasste jetzt 260 statt der bisherigen 140 Liter. Das Reserverad lag jetzt wie beim *Typ 4* waagerecht im Gepäckraumboden vor der Vorderachse und diente gleichzeitig als Sicherheitselement im Falle eines Frontalcrashs. Der Kraftstoffbehälter wurde, einschließlich Ausdehnungsvolumen, auf 45 Liter vergrößert. Die vordere Haube wurde breiter, was auch eine Änderung an den Kotflügeln und den vorderen Seitenteilen zur Folge hatte.

Für eine bessere Durchlüftung des Fahrgastraums sorgten zugfreie, sichelförmige Zwangsentlüftungen in Nierenform hinter den hinteren Seitenfenstern.

Im Jahre 1971 bekamen alle Volkswagen-Typen, mit Ausnahme des Cabrios, 26 Schlitze im Motordeckel, die für eine bessere Kühlung des Motors sorgten als die zehn, die bisher Standard waren. Das Cabrio behielt seine 28 Schlitze.

Diese Zwangsentlüftung gab es auch beim *VW 1300*, nicht jedoch für den *VW 1200*, der zwar über entsprechende Einprägungen im hinteren Seitenteil verfügte, die jedoch nicht ausgestanzt waren. Die Frischluft wurde über Schlitze im Windlauf angesaugt und konnte durch ein optionales – beim *L-Modell* serienmäßiges – Gebläse verstärkt werden. In der Instrumententafel sorgten zusätzliche Regeleinrichtungen und zwei weitere Austrittsdüsen unterhalb der Windschutzscheibe für einen stärkeren Luftstrom. So blieb die Frontscheibe auch unter schlechten Witterungsbedingungen weitestgehend beschlagfrei. Auch die Sicht nach hinten wurde verbessert. Ab dem *24. Februar 1970* bekamen alle *Typ 1-Modelle* mit Ausnahme des *VW 1200* serienmäßig eine beheizbare Heckscheibe.

Auch das *Cabrio Typ 15* bekam die Karosserie des *1302* und die *LS-Ausstattung*. Allerdings wurden bei diesem Fahrzeug die 28 Luftschlitze auf der Motorhaube beibehalten.

Das Modellprogramm für den *Typ 1* umfasste *1970* fünf Fahrzeuge:

VW Käfer Typ 1	VW 1200	VW 1300	VW 1302	VW 1302 S	VW 1302 LS Cabrio
Karosserie	alte Form	alte Form	neue Form mit großem Kofferraum	neue Form mit großem Kofferraum	neue Form mit großem Kofferraum
Fahrwerk	alte Vorderachse Pendel-Hinterachse ohne Ausgleichsfeder	alte Vorderachse Pendel-Hinterachse mit Ausgleichsfeder	neue Vorderachse Doppel-Gelenkwellen-Hinterachse	neue Vorderachse Doppel-Gelenkwellen-Hinterachse	neue Vorderachse Doppel-Gelenkwellen-Hinterachse
Motor	1200/34 PS wahlweise 1300/44 PS	1300/44 PS wahlweise 1200/34 PS	1300/44 PS wahlweise 1200/34 PS	1600/50 PS	1600/50 PS
Bremsen	Zweikreis v. und h. Trommeln	Zweikreis v. und h. Trommeln	Zweikreis v. und h. Trommeln, wahlweise v. Scheiben	Zweikreis v. Scheiben h. Trommeln	Zweikreis v. Scheiben h. Trommeln
Höchstgeschwindigkeit	115 km/h	125 km/h	125 km/h	135 km/h	130 km/h
Gewichte	leer 760 kg ges. 1140 kg gebremste Anhängelast 650 kg	leer 820 kg ges. 1200 kg gebremste Anhängelast 650 kg	leer 870 kg ges. 1270 kg gebremste Anhängelast 650 kg	leer 870 kg ges. 1270 kg gebremste Anhängelast 650 kg	leer 920 kg ges. 1280 kg gebremste Anhängelast 650 kg
Preise	4695,–	5495,–	5745,–	5945,–	7490,–

nach Etzold: Der Käfer, Band 1, Motorbuch Verlag, Stuttgart 1983, S. 144

Im Jahre *1971* wurde die Heckscheibe um 40 Millimeter nach oben vergrößert, und der Motordeckel bekam zur besseren Kühlung des Motors 26 waagerechte Luftschlitze. Beim *Typ 15* wurden die 28 Luftschlitze beibehalten. Das Wasserablaufblech unter den Kühlluftschlitzen entfiel. Lichtmaschine, Verteiler und Zündkerzen wurden durch andere Maßnahmen gegen Feuchtigkeit geschützt.

Im Innenraum fiel vor allem das neu gestaltete Lenkrad mit Prallkorb und Prallplatte auf, das, gemeinsam mit einem Deformationselement in der Lenksäule, dem Schutz des Fahrers bei einem Unfall diente. Der

Die Produktion des VW 1302 lief auf Hochtouren. Der höhere Gebrauchswert dieses Modells hatte die Nachfrage nach dem Käfer noch einmal anziehen lassen.

Kofferraum hinter der Rücksitzlehne erhielt – außer beim *VW 1200* – eine Abdeckung, die zugleich Sichtblende war und die Motorgeräusche im Fahrzeug-Innenraum reduzierte. Die Zwangsentlüftung hinter den hinteren Seitenscheiben wurde mit einer Rückschlagklappe versehen, sodass auch bei geöffneten Fenstern kein Zug entstand und kein Wasser durch die Entlüftung in das Fahrzeuginnere dringen konnte. Außerdem wurde die Zahl der Entlüftungsschlitze von zwei auf drei erhöht.

Das Nachfolgemodell für den VW 1302, der VW 1303, kam bereits im Sommer 1972 auf den Markt. Der VW 1302 hatte also nur eine sehr kurze Produktionszeit.

Die Schalttafel war ab *1971* mit schwarzer Folie belegt und vermittelte so den Passagieren subjektiv den Eindruck einer Polsterung. Die Frischluftbetätigung war unter den Radioausschnitt verlegt worden. Einen neuen Innenraumeindruck vermittelten auch die geänderten Sitze, in die jetzt Abnäher in Querrichtung eingearbeitet waren. Die Sitzunterteile erhielten Verkleidungsblenden. Die Polsterauflage bei den Vordersitzen war zur Erhöhung des Sitzkomforts auf 20 Millimeter verstärkt worden.

Um mehr Sicherheit bei Kollisionen zu erreichen, erhielten alle Käfer-Modelle einen Schraub-Tankverschluss mit Überdrehsicherung.

Nach nur relativ kurzer Bauzeit wurde ab *31. Juli 1972* der *VW 1302* aus der Produktion genommen und durch den *VW 1303* ersetzt.

Technisch wurde der *Typ 14* jedoch jeweils analog zum *Modell 113/117* weiterentwickelt. Das bedeutete nicht zuletzt, dass dieser Typ jetzt ebenfalls den starken 1,6-Liter-Motor mit 50 PS (37 kW) bekam.

Die Heizdüsen für die Heckscheibe entfielen, da für alle Modelle eine beheizbare Heckscheibe zur Verfügung stand.

In den Tachometer war jetzt ein Tageskilometerzähler integriert.

Bei allen Modellen des neuen Jahrgangs waren vorn und hinten an den Stoßfängerträgern Abschleppösen angebracht.

1971 erhielten alle *Karmann Ghia-Modelle* aus Gründen der Vereinheitlichung und zur Senkung der Logistikkosten vorn und hinten die neuen Stoßfänger mit Gummileisten vom Käfer, deren Blechstärke *1970* von 1,5 Millimetern auf 1,75 Millimeter verstärkt wurde. Deshalb mussten noch einmal die Kotflügel angepasst werden. Mit dem Einsatz der breiteren Stoßfänger sowie größerer Blink- und Brems-Schlussleuchten, die vom *Typ 3* übernommen wurden, wurden die letzten äußeren optischen Korrekturen bis zur Einstellung dieses Typs vorgenommen.

Die bisherige Armaturentafel mit ihrer Teakholzmaserung wurde mit einer Polsterleiste als Knieschutz versehen und mit schwarzem PVC überzogen. Auch die Instrumente wurden neu gestaltet: Es waren jetzt nur noch zwei große Kombi-Instrumente vom *Typ 4*. Zudem gab es einen neuen Lenkstockschalter rechts unter dem Lenkrad, mit dem der Wischer und der Wascher bedient wurden. Die Knöpfe für die Frischluftanlage wurden unter den Radioausschnitt verlegt.

Die beiden hinteren Seitenfenster erhielten einen festen Steg, sodass man sie als Ausstellfenster nutzen konnte. Das Gehäuse des Rückblickspiegels wurde geändert und der Motorraumdeckel entsprechend den EWG-Vorschriften über amtliche Kennzeichen angepasst.

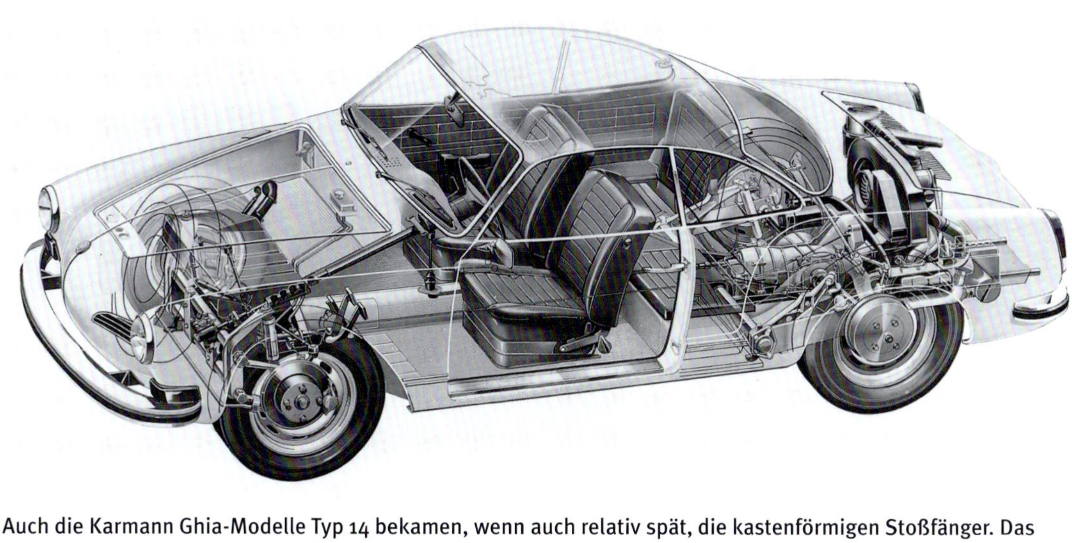

Auch die Karmann Ghia-Modelle Typ 14 bekamen, wenn auch relativ spät, die kastenförmigen Stoßfänger. Das Phantombild lässt alle technischen Details dieses Fahrzeugs gut erkennen, selbst die vergrößerten Rückleuchten.

Modellpflege bei den Typen 3 und 4

Die Modellpflegemaßnahmen beim *Typ 3* waren *1970* relativ bescheiden. Äußerlich sichtbar waren die Abschleppvorrichtungen am Vorderachskörper bzw. am hinteren Stoßfänger.
Nicht oder nur wegen des Schalters sichtbar war das serienmäßige, zweistufige Gebläse zur besseren Belüftung des Innenraums, auf das die Grundmodelle jedoch nach wie vor verzichten mussten. Diese bessere Be- und eine überarbeitete Entlüftung machten die bisher optionalen hinteren Ausstellfenster überflüssig. Die neue Entlüftung machte wie beim *Typ 4* den Einbau eines Entlüftungskanals erforderlich, der mit Schlitzen unter der Heckscheibe und solchen am hinteren Dachholm verbunden war.
In der Armaturentafel wurden einheitlich alle Durchbrüche ausgeführt, sodass nachträglich Mehrausstattungen nachgerüstet werden konnten. Die Leerstanzungen wurden im Fall einer Nichtbelegung mit Stopfen verschlossen. Das Gleiche galt für die Heckklappe beim Variant, damit gegebenenfalls nachträglich eine beheizbare Heckscheibe eingebaut werden konnte.
Die Lenkradschlösser erhielten geschlossene Schließzylinder. Diese Änderung machte auch eine Änderung des Lenkstockschalters notwendig. Bei Automatik-Fahrzeugen erhielt der Schaltquadrant eine Beleuchtung zur besseren Erkennung der eingelegten Fahrstufe bei Dunkelheit. Die Zündschloss-Schaltung und die Scheinwerfer waren so aufeinander abgestimmt, dass Letztere nur bei eingeschalteter Zündung leuchten konnten. Dadurch vermied man eine Entleerung der Batterie durch unbeabsichtigt eingeschaltetes Fahrlicht bei ausgeschaltetem Motor.
Eine geringfügige Änderung an den hinteren Seitenteilen und an der Ablage unter dem Heckfenster ermöglichte beim *VW 1600 TL* eine Vergrößerung des Kofferraums.
1971 fielen die Modellpflegemaßnahmen noch spärlicher aus; ein Hinweis darauf, dass dieser Typ mittelfristig vor seiner Ablösung stand. Erwähnenswert bei den Verbesserungen waren eigentlich nur die Erfüllung der Abgasvorschriften in Europa und den USA sowie das neue Vierspeichenlenkrad mit einem großflächigen Polster (Pralltopf) zur Reduzierung der Flächenanpressung bei Körperaufprall.
Beim *Typ 4* stand *1970* die Anpassung der Motoren an die gültigen Abgasvorschriften in Europa im Vordergrund, *1971* erfüllten sie auch die in den USA.
Wie beim *Typ 3* erhielt das Lenkrad ein großflächiges Polster mit einem Pralltopf. Weitere sicherheitsrelevante Maßnahmen waren der Tankverschlussdeckel mit einem Schraubverschluss, eine Sollknickstelle im Gepäckraumdeckel vorn sowie ein Fanghaken, um bei einem Auffahrunfall die Zerstörung der Windschutzscheibe – die jetzt auf Wunsch auch zur Wärmedämmung eingefärbt werden konnte – möglichst zu vermeiden.
Für die Fahrzeuge mit dem 80 PS-Einspritzmotor konnte ab diesem Baujahr ein Automatik-Getriebe bestellt werden, das dem des *Typ 3* entsprach. Auch hier wurde der Schaltquadrant wie beim *Typ 3* bei eingeschaltetem Fahrlicht beleuchtet.
Zur Durchführung der Diagnosearbeiten in den Werkstätten wurde eine zentrale Steckdose im Geräteraum eingebaut.
Der *Typ 47*, der *VW Porsche 914*, erhielt bereits *1970* die zentrale Steckdose für die Diagnosearbeiten in den Werkstätten. *1971* wurden die Aggregate auch dieses Typs den Abgasvorschriften in Europa und den USA angepasst.

Der VW 411 LE Variant mit Automatikschaltung, die generell den leistungsstärkeren Einspritzmotor mit 80 PS voraussetzte.

1970: Der K 70, der erste Volkswagen mit Frontmotor und Wasserkühlung

Unter der Modellbezeichnung *481* brachte Volkswagen im Jahre *1970* den *K 70* auf den Markt. Bei diesem Fahrzeug handelte es sich um einen Wagen mit Frontantrieb, vorn liegendem Motor und Wasserkühlung, den das Unternehmen im Rahmen der Fusion der Auto Union GmbH in Ingolstadt mit der NSU Motorenwerke AG in Neckarsulm übernommen hatte. Zum Zeitpunkt der Fusion im Jahre *1969* stand das Fahrzeug bei NSU kurz vor dem Serienanlauf und war der Öffentlichkeit auf dem Automobilsalon in Genf bereits präsentiert und mit vielen Vorschusslorbeeren bedacht worden.

Das Volkswagenwerk übernahm dieses Fahrzeug in das eigene Produktprogramm und wies damit auf die Modellzukunft hin, da sich herausgestellt hatte, dass das bisherige Modellangebot bei der Kundschaft auf wachsende Zurückhaltung stieß und unter betriebswirtschaftlichen Kriterien nicht weiter entwicklungsfähig war. Dem Frontantrieb mit einem im Fahrzeugbug eingebauten, wassergekühlten Motor gehörte zu Beginn der *1970er-Jahre* die Zukunft.

Die technischen Daten des *K 70*, der von seinen äußeren Dimensionen dem *Typ 42 – VW 411* – entsprach, waren:

Motor		
Bauart	4-Zylinder-Reihenmotor	
Kühlung	Wasser	
Hubraum (cm³)	1605	
Bohrung (mm)	85	
Hub (mm)	76	
Leistung (PS/kW)	75/55	90/66
Kompression	1:8,0	1:9,5
Drehzahl (1/min)	5200	
Drehmoment (Nm)	122,6 bei 3500 1/min	134,4 bei 4000 1/min
Anordnung der Ventile	oben liegend, Antrieb durch Duplexkette	
Kurbelwellenlager	5	
Vergaser	1 Doppel-Flachstromvergaser Solex 40 DDH	
Kraftstoffanlage	mechanische Pumpe	
Zündfolge	1-4-3-2	
Zusatzaggregate und Technik		
Anlasser (PS)	0,7	
Lichtmaschine (W)	490 oder 600	
Kupplung	Einscheibentrockenkupplung	
Getriebe	4 V, 1 R vollsynchron	
Antrieb	Vorderachse	

Zusatzaggregate und Technik		
Vorderradaufhängung	McPherson-Federbeine, Schraubenfedern, Querstabilisator	
Hinterradaufhängung	Schräglenker, Schraubenfedern, Querstabilisator	
Lenkung	Zahnstange (18,5:1) 4 Lenkradumdrehungen	
Bremse	Zweikreis-Hydraulik (beide Vorderräder in beiden Kreisen), Servohilfe, Scheibenbremsen vorn, Trommelbremsen hinten	
Handbremse	Seilzug, auf Hinterräder wirkend	
Felgenart	Scheiben $4^{1}/_{2}$ J × 14 H	
Abmessungen und Gewichte		
Reifengröße	165 SR 14	
Spur vorn/hinten (mm)	1390/1425	
Radstand (mm)	2690	
Länge (mm)	bis Juli 1971: 4420; ab August 1971: 4455	
Breite (mm)	bis Juli 1971: 1685; ab August 1971: 1665	
Höhe (mm)	bis Juli 1971: 1450; ab August 1971: 1435	
Wendekreis (m) links/rechts	10,9/11,1	
Höchstgeschwindigkeit (km/h)	148	158
Beschleunigung 0–100 (sec)	16	14
Leergewicht (kg)	bis Juli 1972: 1060; ab August 1972: 1100	
zul. Gesamtgewicht (kg)	bis Juli 1972: 1510; ab August 1972: 1560	
Tankinhalt (l)	52	
Verbrauch (l/100 km)	12,5	13,5

Der Motor hatte eine oben liegende, durch Ketten angetriebene Nockenwelle. Der Zwangsumlauf des Kühlwassers war in einen Haupt- und einen Nebenkreislauf unterteilt. Je nach Kühlbedarf wurde die Steuerung thermostatisch reguliert.

Der Doppel-Flachstromvergaser besaß eine Vorwärmung, sodass auch bei kälteren Temperaturen die Start- und Leerlaufeigenschaften gut waren.

Der Motorraum lag oberhalb der Vorderachse und war durch die nach vorn aufklappbare Haube zugänglich. Das war zunächst etwas gewöhnungsbedürftig, wich man hier doch von dem bei den meisten Fahrzeugen mit Frontmotor üblichen Anschlag der Motorhaube an den Windlauf ab. In der Haube befanden sich Schlitze zur Belüftung des Wageninneren.

Das Interessante an dem Triebwerk des K 70 war seine Etagenbauweise, das heißt, dass der Motor sich oberhalb des Getriebes befand. Das führte zu einer sehr kompakten Antriebseinheit, die wenig Platz beanspruchte. Um den Vorderwagen bei dieser an sich hoch bauenden Konstruktion dennoch niedrig zu halten, wurde der Motor schrägstehend in Längsrichtung eingebaut. Die Dimensionen des Motors waren, da Volkswagen zu diesem Zeitpunkt selbst noch keinen fertigen wassergekühlten Reihen-Vierzylinder besaß, von den ursprünglich vorgegebenen Bedingungen der NSU-Produktionslinien bestimmt. Die Vorteile dieser kompakten Bauweise waren nach Aussage der Volkswagen-Werbung: geringe Kraftübertragungsverluste, geringer Wartungsaufwand, verminderte Reparaturanfälligkeit und damit geringe Kosten sowie günstige Belastung der Antriebsräder.

Das statische Mittelstück des Fahrgestells bildete zwischen den Einzelradaufhängungen eine Traverse, die mit der selbsttragenden Karosserie verschraubt war. Die Dreiecks-Querlenker waren an den Enden der

Der K 70 war im Rahmen der Fusion der Auto Union GmbH mit der NSU Motorenwerke AG von Volkswagen übernommen worden. Er wurde im eigens dafür errichteten Werk in Salzgitter gebaut. Mit diesem Modell hatte Volkswagen erstmals ein Modell mit zukunftsweisender Technik – Frontantrieb, Frontmotor und Wasserkühlung – im Programm.

Traverse angebracht. Jeder Querlenker war über ein Kugelgelenk mit dem Achsträger verbunden. Auf ihm stand jeweils senkrecht ein Federbein. Die Federbeine und die Achsträger waren als Vertikalachsen für die Lenkbewegung der Vorderräder fest miteinander verbunden und an beiden Gelenken mit Kugelgelenken ausgestattet. Oben im Motorraum waren sie in Federbeindomen mit Gummielementen abgestützt. Ein Querstabilisator erhöhte die Kurvenstabilität. Der Antrieb der Vorderräder erfolgte über Doppelgelenkwellen.

Das Viergang-Schaltgetriebe mit Antriebs-Vorgelege und Antriebswelle war vollsynchronisiert. Seine Schaltung erfolgte durch einen Mittelschalthebel. Alle Vorwärtsgänge waren durch schräg verzahnte Räder permanent im Eingriff.

Im Gegensatz zu anderen Fahrzeugen mit Frontantrieb, bei denen die Hinterachse üblicherweise relativ einfach konstruiert war, besaß der K 70 eine Schräglenker-Hinterachse mit gummigefederten Querträgern. Federbeine mit progressiv arbeitenden Schraubenfedern vorn und hinten sowie je ein Querstabilisator vervollständigten die Fahrwerkskonstruktion. Die Fahreigenschaften waren bei diesem aufwendigen Fahrwerk hervorragend, insbesondere bei Kurvenfahrten und auf schlechten Wegstrecken.

Die Bremsanlage entsprach der Motorisierung und verfügte über einen Bremskraftverstärker und einen Bremskraftregler. Der Sicherheit diente insbesondere, dass beide Vorderräder in jeden der zwei Bremskreise voll integriert waren. Ebenfalls neu für einen Volkswagen war die Servolenkung, die allerdings bei den durch das gesamte Antriebsaggregat belasteten Vorderrädern auch unbedingt erforderlich war, da sonst enorm hohe Lenkkräfte aufzuwenden gewesen wären, besonders beim Rangieren.

Die Stahlscheibenräder waren gelochte Tiefbettfelgen in Hump-Ausführung, bezogen mit schlauchlosen Gürtelreifen der Dimension 165 SR-14.
Die Pontonkarosserie war modern – allerdings nicht aerodynamisch –, sie war ohne modische Extravaganzen, mit einer tief liegenden Gürtellinie, langem Innenraum, schräger Windschutzscheibe und schrägem Heckfenster. Die Instrumententafel war so konstruiert, dass alle Luftdüsen, Schalter und Instrumente bequem zu erreichen und übersichtlich angebracht waren. Den *K 70* gab es ausschließlich als viertürige Limousine. Das erleichterte auch den Fondpassagieren das Ein- und Aussteigen.
Den K 70 gab es bis 1973 in folgenden Modellvarianten:

K 70 Modellvarianten	
481 031	K 70 mit 75-PS-Motor
481 041	K 70 mit 90-PS-Motor
481 131	K 70 L mit 75-PS-Motor
481 141	K 70 L mit 90-PS-Motor

Wie auch bei den anderen Volkswagen-Modellen wurde seitens der Konstrukteure großer Wert auf die Sicherheit im Wageninneren gelegt. So gab es im *K 70* Befestigungspunkte für Dreipunkt-Sicherheitsgurte, verriegelte Vordersitzlehnen und auf Wunsch Kopfstützen. Selbstverständlich war die Instrumententafel ebenso gepolstert wie das Dach, die Dachholme, die Türpfosten und die Sonnenblenden. Das Lenkrad war als Sicherheitslenkrad ausgeführt, mit tief liegender Nabe und Aufschlagpolster. Eine entsprechend dimensionierte Be- und Entlüftung des Fahrgastraums sowie eine funktionelle Heizung sorgten, gemeinsam mit einer beheizbaren Heckscheibe, für beschlagfreie Scheiben ringsum und ein angenehmes Fahrzeugklima. Erstmals besaß ein Volkswagen jetzt eine Warmwasserheizung, die in der Wirkung und Regulierbarkeit alle anderen Modelle weit übertraf. Der Innenspiegel war als Sicherheitsspiegel ausgeführt, der Griff für das optionale Stahlkurbeldach war versenkbar. Auch bei der Unterbringung des Treibstofftanks hatte man an die Sicherheit gedacht; er befand sich an einer bei Unfällen wenig gefährdeten Stelle: außerhalb des Fahrgastraums unterhalb der Hintersitze.

Die Windschutzscheibe besaß ein Sichtband, das auch bei beschädigter Scheibe noch begrenzt freie Sicht gewährte. Alle Türen hatten Kurbelfenster, die optional auch mit Elektroantrieb ausgestattet werden konnten.
Als Option konnte beim *K 70* ein Stahlkurbeldach bestellt werden, das bei der Stellung des Bedienhebels nach links leicht angehoben wurde und einen Spalt von etwa 35 Millimetern zur zugfreien Be- und Entlüftung freigab. Bei der Hebelstellung nach rechts und der Betätigung der Kurbel konnte das Dachelement nach hinten in die Dachtasche versenkt werden.
Die vorderen Einzelsitze besaßen individuelle Verstellmöglichkeiten, die *L-Ausstattung* umfasste sogar echte Liegesitze. Auf der breiten Rückbank hatten drei Personen bequem Platz.
Der hinten liegende, von außen abschließbare Kofferraum hatte ein Volumen von 585 Litern, ein für Volkswagen ungewöhnlich großes Fassungsvermögen. In den Kofferboden war, durch eine mit einer Abdeckung nach oben verschlossenen Mulde abgetrennt, das Reserverad eingelassen.
Die elektrische Anlage entsprach mit einer Drehstromlichtmaschine dem Stand der Technik. Sie lieferte ausreichend Energie, auch für Zusatzeinbauten. Die Batterie war zur Wartung leicht zugänglich im Motorraum rechts hinten untergebracht. Die Breitbandscheinwerfer mit asymmetrischem Abblendlicht waren vom Motorraum aus einstellbar. Ab August *1972* bekam der *K 70 L* Doppel-Halogenscheinwerfer. Gleichzeitig waren die vorderen Kotflügel vorn eingezogen und die Motorhaube fiel aus aerodynamischen Gründen leicht nach vorn ab. Das Standlicht war in die Scheinwerfer integriert und konnte als Parkbeleuchtung genutzt werden. Die mit zwei Wischerstufen ausgestatteten Scheibenwischer erzielten auch bei starkem Regen eine ausreichende Wirkung.
Aus Kostengründen wurden bereits ein Jahr nach Serienstart die Sitzlehnen im *K 70* durch die des *VW 411* ersetzt, die Stoßfänger vorn und hinten wurden aus dem gleichen Grund vom *Audi 100* übernommen. Ab *15. November 1971* gab es den *K 70* auch als Rechtslenker. Die Motoren wurden den europäischen Forderungen nach Abgasreinigung angepasst.

1972: Der Weltmeister, ein Käfer der besonderen Art

Zum letzten Mal wurde am *1. August 1972* beim Volkswagen *Typ 1* eine neue Typenstruktur eingeführt. Ab diesem Zeitpunkt gab es die folgenden Typen und Modelle:

VW Käfer			
Typ 1			
Typ 11			
	111	VW 1200, 1200 L Linkslenker	Produktionsende 2003
	112	VW 1200, 1200 L Rechtslenker	Produktionsende 1985
	113	VW 1200 für Nordamerika	Produktionsende 1977
Typ 13			
	133	VW 1303 für Nordamerika	Produktionsende 1975
	135	VW 1303, 1303 A Linkslenker	Produktionsende 1975
	136	VW 1303, 1303 A Rechtslenker	Produktionsende 1975
Typ 14			
	141	Karmann Ghia Cabriolet Linkslenker	Produktionsende 1975
	142	Karmann Ghia Cabriolet Rechtslenker	Produktionsende 1975
	143	Karmann Ghia Coupé Linkslenker	Produktionsende 1975
	144	Karmann Ghia Coupé Rechtslenker	Produktionsende 1975
Typ 15			
	151	Cabriolet, viersitzig, Linkslenker	Produktionsende 1980
	152	Cabriolet, viersitzig, Rechtslenker	Produktionsende 1980
	153	Cabriolet, viersitzig, für Nordamerika	Produktionsende 1980
Typ 18			
	181	Kurierwagen, offen, Linkslenker	Produktionsende 1979
	182	Kurierwagen, offen, Rechtslenker	Produktionsende 1979

Das bekannteste Käfer-Modell des Jahres war der Weltmeister, der am *17. Februar 1972* in einer feierlichen Zeremonie im Werk Wolfsburg vom Band lief. Mit der Produktionszahl von 15 007 034 gebauten Volkswagen *Typ 1* war der Käfer zu diesem Zeitpunkt das meistgebaute Auto der Welt. Er hatte mit dieser Stückzahl den bisher gültigen Produktionsrekord des legendären Modell T von Ford aus dem Jahre *1928* übertroffen.

Beim Weltmeister-Käfer handelte es sich um einen *VW 1302 S* mit dem 1,6-Liter-Motor und 50 PS (37 kW) Leistung. Er war das erste Käfer-Sondermodell. Diesem sollten in den kommenden Jahren noch viele weitere folgen. Zu Ehren dieses Jubiläums wurde eine

Am 17. Februar 1972 lief im Werk Wolfsburg der 15 007 034. Typ 1 vom Band. Damit war der Käfer das meistgebaute Auto der Welt: der Weltmeister.

technisch und optisch einheitliche Serie von 6000 mit Plaketten an der Armaturentafel durchnummerierten Modellen *1302 S* produziert, die binnen kürzester Frist wegen ihres günstigen Verkaufspreises von DM 6600 – ein Preisvorteil von DM 300 – ihre Käufer gefunden hatten. Die Fahrzeuge waren in Marathonmetallic lackiert, besaßen eine spezielle Leichtmetall-Sportfelge mit breiteren Reifen, Halogenscheinwerfer, ein Doppeltonhorn, Rückfahrleuchten, eine beheizbare Heckscheibe, eine gepolsterte Schalttafel, schwarze Stoffpolster sowie Gummiprofile auf den Stoßfängern.

Das Jubiläum stellte einerseits einen stolzen Tag in der Unternehmensgeschichte dar, andererseits fand dieses Jubiläum aber bereits in einer Zeit statt, in der man mit allen verfügbaren Kapazitäten daran arbeitete, den Käfer ernsthaft abzulösen. So fielen auch die Jubiläumsfeierlichkeiten – verglichen mit der Millionenfeier *1955* – bescheiden aus. Das Jubiläumsfahrzeug lief in Anwesenheit der internationalen Presse in der Halle 12 des Werks Wolfsburg vom Band und wurde dann – gemeinsam mit weiteren historischen Käfern aus dem Museum – in einer bescheidenen Ausstellung bei einigen Großhändlern in Deutschland präsentiert. Die Belegschaft bekam als Anerkennung für ihre Leistung aus Anlass des Jubiläums eine Geldprämie.

Das Original-Jubiläumsfahrzeug ging in den Bestand des Museums über.

1972–1974: Die Zeit der Käfer-Sondermodelle

Maikäfer und Gelb-Schwarzer Renner

Wegen ihres Preisvorteils von DM 300 war die *Weltmeister-Serie* bis zum *März 1972* nicht nur ausverkauft, sondern es bestand weiterhin eine große Nachfrage nach diesem oder einem anderen Sondermodell, mit dem man beim Kauf sparen konnte.

Da die Weltmeister-Serie von vornherein auf 6000 Exemplare limitiert war und man aus logistischen Gründen diese Zahl nicht aufstocken konnte, entschloss man sich bei Volkswagen, nur zwei Monate später ein zweites Sondermodell auf die Bänder zu bringen: den Maikäfer.

Aus dem Erfolg des Weltmeisters hatte man gelernt. Unter der Bezeichnung Maikäfer gab es – wieder mit einheitlicher Ausstattung – jetzt zwei Modelle: den *Maikäfer VW 1200* und den *Maikäfer VW 1302*. Verkaufsstart für die beiden Fahrzeuge war der *15. April 1972*, Bestellende der *16. Juni 1972*. Weil man vom Erfolg des Weltmeister-Modells überwältigt worden war, wurden die Stückzahlen gleich höher angesetzt: vom *Maikäfer VW 1200* gab es 16 300, vom *Maikäfer VW 1302* gab es 14 100 Exemplare.

Die Ausstattung dieses Sondermodells war nicht identisch. Der *Maikäfer VW 1200* erhielt Rückfahrleuchten, ein Radio mit Mittel- und Langwelle, eine beheizbare Heckscheibe, die 12-Volt-Anlage, einen Beifahrer-Haltegriff, Stahlgürtelreifen und die Beifahrer-Sonnenblende. Die einzig angebotene Lackierung war »Leuchtorange« mit einer Innenausstattung aus Kunstleder. Der Wagen kostete DM 5555 und bot somit einen Preisvorteil von DM 300.

Der *Maikäfer VW 1302* unterschied sich vom *Maikäfer 1200* grundlegend durch seine Karosserie. So musste sich der Kunde zwischen den beiden Modellen entweder für die traditionelle Karosserie mit dem kurzen Vorderwagen und der Kurbellenkerachse oder die modernere Version des Käfers mit dem längeren Vorderwagen und der MacPherson-Federbeinachse entscheiden. Damit traf man auch gleich eine Entscheidung für die Motorisierung. Die Kunden hatten die Auswahl zwischen zwei bewährten Aggregaten mit den nachfolgenden Parametern:

VW Käfer		
Motor		
	VW 1200	**VW 1302**
Bauart	4-Zylinder-Boxermotor	
Kühlung	Luft, Gebläse	
Hubraum (cm³)	1192	1285
Bohrung (mm)	77	77
Hub (mm)	64	69
Leistung (PS/kW)	34/25	44/32
Kompression	1:7,0	1:7,5
Drehzahl (1/min)	3600	4100
Drehmoment (mkp bei 1/min)	8,4 bei 2000	8,8 bei 3000
Anordnung der Ventile	hängend, Stoßstangen und Kipphebel, zentrale Nockenwelle, Antrieb durch Stirnräder	

VW Käfer		
Motor		
	VW 1200	**VW 1302**
Kurbelwellenlager	4	
Vergaser	1 Fallstrom Solex 30 PICT-3 mit Startautomatik	
Kraftstoffanlage	mechanische Pumpe	
Zündfolge	1-4-3-2	
Zusatzaggregate und Technik		
Anlasser (PS)	0,5	0,7
Lichtmaschine (W)	270	360
Kupplung	Einscheibentrockenkupplung	
Getriebe	4 V, 1 R	
Antrieb	Hinterachse	
Vorderradaufhängung	Kurbellenker oben und unten, 2 Federstäbe quer Stabilisator	McPherson-Federbeine Stabilisator
Hinterradaufhängung	Pendelachse, Längslenker, Federstäbe quer, Ausgleichsfeder	Doppelgelenkachse, Schräglenker, Federstäbe quer
Lenkung	Schnecke, 14,34 : 1, 2,7 Lenkraddrehungen	
Bremse	Zweikreis-Hydraulik, vorn und hinten Trommel, auf Wunsch vorn Scheiben	
Handbremse	Seilzug, Hinterräder	
Felgenart	Lochscheiben 4 J × 15	
Abmessungen und Gewichte		
Reifengröße	5,60-15 (4PR)	
Spur vorn/hinten (mm)	1316/1350	1379/1352
Radstand (mm)	2400	2420
Länge (mm)	4030	4080
Breite (mm)	1550	1585
Höhe (mm)	1500	1500
Wendekreis (m)	11,1	10,5
Höchstgeschwindigkeit (km/h)	127	125
Beschleunigung 0–100 km/h (sec)	25	26
Leergewicht (kg)	820	870
zul. Gesamtgewicht (kg)	1200	1270
Tankinhalt (l)	40	42
Verbrauch (l/100 km)	10	10,5

Der Gelb-Schwarze Renner war ein optisch sportlich gestalteter Käfer vor allem für die Jugend. Er war serienmäßig mit dem 37-kW-Motor ausgestattet, bot aber viele Anreize, ihn schneller zu machen.

Außerdem besaß der Käufer bei den *VW 1302-Modellen* noch eine Entscheidungsmöglichkeit bei den Farben. Hier standen die folgenden Kombinationen zur Auswahl:

Lackierung Weidengrün/Stoff Lederbeige
Lackierung Saturngelb/Stoff Schwarz
Lackierung Blutorange/Stoff Alabaster.

Alle *Maikäfer VW 1302* wurden einheitlich mit Stahlgürtelreifen und einem Stahlkurbeldach ausgestattet. Bei einem Verkaufspreis von DM 6666 hatte der Kunde auch hier wieder einen Preisvorteil von DM 300.
Diese 30400 *Maikäfer-Sondermodelle* verkauften sich wegen ihres Preisvorteils und ihres peppigen Aussehens fast wie von selbst. Das machte den Marketingstrategen bei Volkswagen Mut, gemeinsam mit der Produktion weitere Sondermodelle für bestimmte Zielgruppen zu entwickeln. Das nächste Sondermodell war der *Gelb-Schwarze-Renner,* der mit einer Gesamt-Stückzahl von 3500 Exemplaren am *17. Dezember 1972* zu einem Preis von DM 7650 in den Verkauf kam und bereits am *1. Februar 1973* ausverkauft war. Bei diesem Modell lag sein Erfolg weniger in seinem günstigen Verkaufspreis von DM 7650, sondern vielmehr in seiner Ausstattung.
Volkswagen sah für jeden Interessenten »die Möglichkeit, sich mit diesem exklusiven, sportlich aussehenden *Typ 1* von dem Gros der Käfer-Fahrer abzusetzen. Sie dient den sportlich ambitionierten Käfer-Fahrern als Basis-Modell für die wettbewerbsmäßige Ausrüstung.«

Dieser Wagen fiel rein äußerlich im Straßenbild auf. Die Karosserie war in Saturngelb L99A lackiert, die Front- und die Motorhaube sowie die Stoßstangen und diverse Zierteile in Mattschwarz. Zusätzlich erhielt der *Gelb-Schwarze Renner* schwarze Seitenstreifen. Diese Farbkombination verlieh dem Wagen das vom Werk anvisierte sportliche Image und ließ ihn sehr schnell aussehen. Das wurde – rein optisch – durch zusätzliche Ausstattungsdetails wie das komplett schwarze Interieur aus Stoff, mit einem Sportlederlenkrad sowie Sportsitzen mit Kopfstützen und Ruhesitzverstellung sowie Stahlfelgen in der Größe 5 1/2 J × 15 und der Bereifung in der Dimension 175/70 HR 15 unterstrichen. Außerdem verfügte der *Gelb-Schwarze Renner* über eine beheizbare Heckscheibe und ein vorderes Abschlussblech mit Schlitzen wie bei der US-Ausführung, das für einen nachträglichen Ölkühlereinbau geeignet war. Technisch entsprach der Wagen allerdings einem ganz normalen Modell 1303 S mit einem 1,6-Liter-50-PS-Motor, das im nächsten Kapitel vorgestellt wird.

Irgendwie passte einigen Politikern dieser »sportliche« Volkswagen zu jener Zeit aber nicht in ihr Vorstellungsbild. Es war die Zeit der Mineralöl(preis)-krise, die zu Überreaktionen der Politik bis hin zu sonntäglichen Fahrverboten führte. Da konnte es doch nicht angehen, dass das Volkswagenwerk dazu überging, sportliche Fahrzeuge zu bauen, die die Situation zu konterkarieren schienen. Diese Hysterie ging sogar so weit, dass es zu einer Anfrage im Deutschen Bundestag zur Modellpolitik des Volkswagenwerks kam. Dass andere Hersteller seit Langem leistungsstärkere und sportlichere Fahrzeuge in Deutschland verkauften, die zudem noch wesentlich mehr Treibstoff verbrauchten, hatte man dabei völlig aus den Augen verloren. Es konnte nicht sein, was nicht sein durfte!

Bis wieder, diesmal aber mit dem Golf GTI, ein echter sportlicher Wagen in das Modellprogramm des Volkswagenwerks aufgenommen wurde, sollten nach diesen Erfahrungen einige Jahre vergehen.

Modellpflege

VW Typ 1

Die wesentlichen Modellpflegemaßnahmen bis *1972* bezogen sich auf das Modell *VW 1302/1302 S*. Die Produktion dieser Modelle wurde Ende *Juli 1972* eingestellt und durch das neue *Modell 1303* mit den gleichen Ausstattungsstufen und Motoren ersetzt. Von diesem neuen *Typ* gab es die folgenden *Modelle:*

Modell 1303		
135 011	Limousine 1303	34 PS
135 021	Limousine 1303	44 PS
135 022	Limousine 1303	44 PS Automatik
135 031	Limousine 1303 S	44 PS
135 032	Limousine 1303 S	44 PS Automatik
135 111	Limousine 1303 L	34 PS
135 121	Limousine 1303 L	44 PS
135 122	Limousine 1303 L	44 PS Automatik
135 131	Limousine 1303 LS	50 PS
135 132	Limousine 1303 LS	50 PS Automatik

Auch die *Cabrios Typ 15* erhielten neue Modellbezeichnungen, wobei die ersten drei Ziffern beibehalten wurden. Sie lauteten jetzt:

Cabrio Typ 15		
151 121	Cabriolet 1303 L	44 PS
151 122	Cabriolet 1303 L	44 PS Automatik
151 131	Cabriolet 1303 LS	50 PS
151 132	Cabriolet 1303 LS	50 PS Automatik

Der Wagen, der hinter diesen Modellnummern stand, war technisch nicht grundsätzlich neu. Er war vielmehr eine Weiterentwicklung des *VW 1302*. Die auffälligste Änderung war die stark gewölbte Panorama-Windschutzscheibe. Sie hatte gleichzeitig umfangreiche Änderungen am Dach, der vorderen Haube, den Seitenteilen, der Instrumententafel und der vorderen Innenwand zur Folge.

Die Vorderwand mit dem Frischluftkasten war jetzt durchgehend, ohne Öffnung zum Gepäckraum. Die Instrumententafel aus Kunststoff war mit der Vorder-

Der VW 1303 fiel sofort durch seine stark gewölbte Panorama-Frontscheibe auf. Sie brachte den Insassen auf den Vordersitzen mehr Abstand zur Scheibe und minderte so das Verletzungsrisiko bei Auffahrunfällen.

wand verschraubt. Sie unterschied sich grundlegend von allen Instrumententafeln, die bisher in einen Käfer eingebaut worden waren. Der Tachometer saß tief versenkt und damit gegen Spiegelungen und Blendungen geschützt, in einer separaten Abdeckung oberhalb der eigentlichen, gepolsterten Armaturentafel. Der Handschuhkasten wurde der neuen Instrumententafel angepasst, und der Beifahrerhaltegriff wanderte an den rechten Dachholm. In der Mitte der Armaturentafel befand sich eine Schaltergruppe, in der Schalter für optional bestellbare Verbraucher eingesetzt werden konnten.

Zur Entfrostung der Windschutzscheibe gab es zwei Warmluftaustrittsdüsen, zusätzlich zu den ebenfalls neu gestalteten Frischluft-Austrittsöffnungen an der Vorderseite der Instrumententafel, die für Fahrer und Beifahrer getrennt geregelt werden konnten. Der neuen Panorama-Windschutzscheibe wurde auch die Scheibenwischer-Anlage angepasst.

Die Vordersitze, die jetzt einen größeren Abstand zur Windschutzscheibe hatten – eine Sicherheitsforderung der US-amerikanischen Zulassungsbehörde –, wurden neu gestaltet. Sie boten dem Fahrer und Beifahrer einen besseren seitlichen Halt. Die Rückenlehne

Der neue Vorderwagen des VW 1303 verschaffte den Insassen ein völlig neues Fahrgefühl. Die neue Armaturentafel wirkte großzügig und übersichtlich.

war siebenfach verstellbar. Die Sitzschienen wurden den neuen Innenraummaßen angepasst. Die Lage des Schalthebels und des Handbremshebels wurde auf die neuen Sitzpositionen abgestimmt.
Auch die Armlehnen an den Türen wurden neu gestaltet. Neue, großflächige, runde Rückleuchten – im Volksmund Elefantenfüße genannt – hatten eine Änderung der hinteren Kotflügel zur Folge.
Die Motoren des *VW 1303* wurden vom Vorgängermodell *VW 1302* übernommen, ebenso wie die Zusatzaggregate und die übrige Technik. Die Abmessungen und Gewichte waren jedoch neu:

Abmessungen und Gewichte	1303	1303 S
Reifengröße	5,60-15 (4 PR) oder 6,00 – 15 oder 155 SR 13	
Spur vorn/hinten (mm)	1394/1349	
Radstand (mm)	2420	
Länge (mm)	4110 (L 4140)	
Breite (mm)	1585	
Höhe (mm)	1500	
Höchstgeschwindigkeit (km/h)	125	135
Beschleunigung 0–100 (sec)	26	20
Leergewicht (kg)	890	890
zul. Gesamtgewicht (kg)	1290	1290
Tankinhalt (l)	42	42
Verbrauch (l/100 km)	10,5	11,5

Die Motoren- und Getriebeaufhängung wurde beim *VW 1303* gegenüber dem Vorgängermodell geändert, sodass weniger Geräusche in das Fahrzeuginnere drangen. Der bisherige Ölbad-Luftfilter wurde durch einen Papierfilter in einem Kunststoffgehäuse ersetzt. Die doppelseitige Ansaugrohrbeheizung erforderte zusätzlich einen geänderten Auspufftopf.

VW Typ 3

Die letzten Änderungen am *VW Typ 3* erfolgten ab *August 1972*. Zu diesem Zeitpunkt wurden die Einspritzmotoren den verschärften Abgasbestimmungen in den USA angepasst.
Der Sicherheit von Fahrer und Beifahrer diente die Einführung der Dreibein-Vordersitze. Die Armlehnen wurden neu gestaltet, damit mussten die Tür- und Seitenverkleidungen ebenfalls geändert werden.
Eine Parklichtschaltung löste die bisherigen seitlichen Parkleuchten ab. Dazu waren Stand- und Schlusslicht einseitig schaltbar.
Mit diesen Änderungen wurde die Modellpflege beim *Typ 3* für den Rest der Produktionszeit abgeschlossen. Im Juli 1973 lief der *Typ 3* nach 2584905 Fahrzeugen aus.

VW Typ 4

Im *August 1972* wurde der *VW 411* durch den *VW 412* abgelöst, den es in diesem Modelljahr ausschließlich als *VW 412 E/LE* mit dem Einspritzmotor mit 80 PS (59 kW) Leistung aus 1679 cm^3 Hubraum gab. Dieser Motor wurde durch Veränderungen an der Einspritzanlage und der Kurbelgehäusebelüftung den verschärften amerikanischen Abgasbestimmungen angepasst.
Auffällig war die stilistische Änderung des Vorderwagens, die sehr umfassend war. Geändert wurden der vordere Deckel, die vorderen Kotflügel, das vordere Abschlussblech, die Eckbleche und die Radhäuser. Die neuen Doppelscheinwerfer, die nicht mehr durch eine gemeinsame Streuscheibe abgedeckt waren, profilierten mit den neu gestalteten Blink-

1972 löste der VW 412 den VW 411 ab. Seine Optik war durch einen neuen Vorderwagen mit Doppelscheinwerfern wesentlich eleganter geworden. Auch die Heckpartie war Veränderungen unterworfen. Die Heckleuchten waren jetzt höher angesetzt, weil die Stoßfänger den amerikanischen Sicherheitsanforderungen angeglichen werden mussten.

leuchten die Fahrzeugfront und gaben dem Wagen ein dynamisches Aussehen. Neue Sicherheitsvorschriften in den USA machten außerdem eine Höherlegung der Stoßfänger notwendig. Die hintere Leuchteneinheit wurde wegen der höher angesetzten Stoßfänger nach oben verlegt. Ihre Lampenträger waren jetzt lackiert.

Alle seitlichen Armlehnen wurden neu gestaltet. Sie erhielten einen nach unten offenen Griff, der ein sichereres Zuziehen der Tür ermöglichte. Ebenfalls aus Sicherheitsgründen wurden die Sitzverankerungen der Vordersitze verstärkt.

Der Blinkerschalter übernahm in ausgeschaltetem Zustand zusätzlich die Funktion des Parklichtschalters.

Beim *VW Typ 47*, dem *VW Porsche 914*, gab es ab *August 1972* einen leistungsgesteigerten *Typ-4-Einspritzmotor* mit einem Hubraum von 1971 cm^3 und einer Leistung von 74 kW (100 PS). Dieses Modell lief unter der Bezeichnung *VW Porsche 914/2,0*.

VW Porsche 914/2,0	
Motor	
Bauart	4 Zylinder-Boxermotor, luftgekühlt
Hubraum (cm^3)	1971
Bohrung (mm)	94
Hub (mm)	71
Leistung (PS/kW)	74/100
Kompression	1:8,0
Drehzahl (1/min)	5000
Drehmoment (Nm 1/min)	157 bei 300 1/min
Anordnung der Ventile	parallel hängend, Stoßstangen und Kipphebel, zentrale Nockenwelle, Antrieb durch Stirnräder
Vergaser	elektronisch gesteuerte Bosch-Kraftstoffeinspritzung

Auch der K 70 wurde einem Facelift unterzogen und bekam in der LS-Version Doppelscheinwerfer.

Dieses Modell unterschied sich vom bisherigen in einigen Parametern:

Abmessungen und Gewichte	
Reifengröße	165 SR 15
Spur vorn/hinten (mm)	1343/1383
Radstand (mm)	2450
Länge (mm)	3985
Breite (mm)	1650
Höhe (mm)	1230
Höchstgeschwindigkeit (km/h)	192
Beschleunigung 0–100 (sec)	10,5
Leergewicht (kg)	970
zul. Gesamtgewicht (kg)	1220
Tankinhalt (l)	62
Verbrauch (l/100 km)	13

Der 1,7-Liter-Motor erhielt an der Motorunterseite ein Luftführungsblech, um die Öltemperatur abzusenken. Der Ölbadluftfilter wurde durch einen Papierfilter in einem Kunststoffgehäuse ersetzt. Die Auspuffleitungen und die Heckschürze wurden zur Vereinheitlichung beim 2-Liter-Motor geändert.

Die *L-Ausführung* bekam einen Schalthebel mit einer Ledermanschette.

Die Innenausstattung wurde aus Sicherheitsgründen aus schwer entflammbarem Material gefertigt. Bei der *L-Ausführung* gab es eine Mittelkonsole. Am Heck wurden, je nach Modell, neue Schriftzüge angebracht. Auf Wunsch wurden die Hauptscheinwerfer mit Halogenleuchten geliefert. Der Tachoendwert wurde von 200 auf 250 km/h erweitert.

Beim *VW Typ 48,* dem *VW K 70,* gab es an der Karosserie einige kleinere Veränderungen, die vor allem der Reduzierung des relativ hohen c_W-Werts zugute kamen. Diese Änderungen betrafen insbesondere die Kotflügel. Die Motorhaube erhielt eine breitere Mittelsicke und Luftschlitze für die Frischluft im Außenblech. Die Schlitze für die Zwangsentlüftung des Innenraums befanden sich jetzt in den hinteren Türen. Aus Sicherheitsgründen wurden die Verankerungen der Sitze verstärkt.

Die Scheinwerfer bekamen senkrechte Streuscheiben, die den Einbau von H4-Halogenlampen ermöglichten. Die *L-Modelle* erhielten serienmäßig Halogen-Doppelscheinwerfer.

Auch an der Technik wurde einiges getan. Der Choke für den Motor entfiel, der Vergaser bekam eine Startautomatik. Die Kühlung der Scheibenbremsen vorn wurde durch Schläuche verbessert, die die Kühlluft von einer verlängerten Bugschürze aus gezielt an die Bremsscheiben führten.

1973: Weitere Käfer-Sondermodelle

Die Zeiträume zwischen den Käfer-Sondermodellen wurden immer kürzer. Bereits eineinhalb Monate nach dem Verkaufsende des *Gelb-Schwarzen Renners* folgte am *23. März 1973* die nächste Sondermodell-Serie unter dem Slogan *»Drei Käfer auf Extra-Tour«*. Hier handelte es sich um einen *Sparkäfer VW 1200, Modell 111 011*, einen *Komfortkäfer VW 1303, Modell 135 011*, und einen *Sportkäfer VW 1303 S, Modell 135 031*. Die Namen der einzelnen Modelle standen für ihre Zielgruppen, denen die eingeplanten Stückzahlen mit 12 000 *Sparkäfern*, 10 750 *Komfortkäfern* und 9250 *Sportkäfern* angepasst waren.

Der *Sparkäfer VW 1200* war in den zwei Sonderlackierungen ravennagrün und blutorange lieferbar. Alle Chromteile an der Karosserie waren in schwarz gehalten. Weitere optische Erkennungsmerkmale dieses Sondermodells waren die Stoßstangen vom *VW 1303* und dessen Rückleuchten. Die Sitzbezüge waren aus schwarzem Kunstleder.

Zusätzlich bekam der *Sparkäfer VW 1200 auf Extra-Tour* das M-Paket 06, das die folgenden Ausstattungen umfasste: Kraftstoff-Vorratsanzeige, beheizbare Heckscheibe, Beifahrer-Haltegriff, Kleiderhaken, abblendbarer Innenspiegel, Beifahrer-Sonnenblende sowie die 12-Volt-Anlage. Weitere Inklusivausstattungen waren der abschließbare Tankdeckel (M032), Reifen der Größe 6,00 × 15 (M170), Rückfahrleuchten (M616) und das Radio Emden (M097). So ausgestattet kostete das preiswerteste Modell der *Käfer auf Extra-Tour* DM 5890 und bot seinem Käufer einen Preisvorteil von DM 350.

Der *Komfortkäfer auf Extra-Tour* war ein *VW 1303* mit 44 PS (32 kW) zum Preis von DM 7220. Hier gewährte das Werk dem Kunden einen Preisvorteil von DM 400. Das Farbangebot für dieses Fahrzeug war mit dem des *Sparkäfers VW 1200 auf Extra-Tour* identisch, die Sitzbezüge bestanden allerdings aus schwarzem Stoff. Auch dieses Modell bekam wieder zusätzliche Ausstattungen wie das M-Paket 05, das ein Motorraumdeckelschloss, die beheizbare Heckscheibe, Stoßfänger mit Gummileisten, einen abblendbaren Innenspiegel sowie Rückfahrleuchten umfasste.

Zusätzlich gehörten der verschließbare Tankdeckel (M032), Stahlgürtelreifen der Dimension 155 SR 15 (M172) und das VW-Radio Emden (M097) zur Serienausstattung.

Das dritte Modell der *Käfer auf Extra-Tour*, der *Sport-Käfer* war ein *VW 1303 S* mit einem 50 PS (37 kW)-Motor. Er wich in seinem äußeren Erscheinungsbild mit der Lackierung marathonmetallic von den beiden anderen Modellen ab. Die Sitzbezüge waren jedoch ebenfalls schwarz und in Stoff. Zu seiner Serienausstattung gehörte das gleiche M05-Paket wie beim *Komfortkäfer*. Die weitere Serienausstattung umfasste den abschließbaren Tankdeckel (M032), Stahlgürtelreifen der Größe 165 SR 15 (M172), das Sport-Scheibenrad des *Weltmeister-Käfers* (M976) und auch das VW-Radio Emden (M097). Zusätzlich bekam der *Sport-Käfer* ein Sportlenkrad und einen Sport-Schaltknopf.

Und wieder einmal wurde eine Sonderserie ein Erfolg. Bis zum *24. Mai 1973* waren die Fahrzeuge ausverkauft. Das war die letzte Sondermodell-Serie des Modelljahrs *1973*.

Im neuen Modelljahr, das im *August 1973* begann, setzte Volkswagen die Politik der Sondermodelle fort, um die Verkaufszahlen, die jetzt langsam, dann aber immer stärker rückläufig wurden, auf einem gewissen Niveau zu halten. Die ersten Sondermodelle des *Modelljahrs 1974* waren die sogenannten *Käfer der Käufer*, die vom *15. September bis 16. November 1973* angeboten wurden. Hier handelte es sich um drei Fahrzeuge, einen *Jeans-Käfer VW 1200* mit einem 34 PS (25 kW)-Motor, einen *City-Käfer VW 1303* mit einem 44 PS (32 kW)-Motor und einen *Big-Käfer VW 1303 S* mit einem 50 PS (37 kW)-Motor.

Den *Jeans-Käfer* pries Volkswagen werblich wie folgt an:

»Das ist der *Jeans-Käfer.*«

Die »Drei Käfer auf Extra-Tour« waren wegen ihrer Ausstattung und des damit verbundenen Preisnachlasses ein besonders interessantes Angebot, das von den Kunden gern genutzt wurde. Das Foto zeigt die Werbung für diese Modelle.

Diese Bezeichnung klingt nicht nur gut, sie ist darüber hinaus ein Stück Weltanschauung. Wer Jeans trägt, gibt sich selbstbewusst und jugendlich.

Und selbstbewusst und jugendlich kam auch der *Jeans-Käfer* daher. Zu seinem Serienumfang gehörten: Die Sonderlackierung tunisgelb (L16M), Klebestreifen an den Türen/Seitenteilen mit der Bezeichnung Jeans, Klebestreifen auf dem hinteren Deckel mit dem Schriftzug Jeans, Sitzbezüge aus Jeans-Stoff mit Steppnähten und Nieten, Taschen an den Rückenlehnen, Chromteile schwarz (Stoßstangen mit Mittelstreifen in Silberfarbe, Gürtellinien-Zierleisten, Deckelgriffe, Türaußengriffe, Scheinwerferzierringe, Außenspiegel, Abdeckplatte Blinkleuchte, Kurbelfenster-Zierrahmen, Ausstellfenster und Steg), Dreipunkt-Sicherheitsgurte ohne Automatik (M549), M-Paket Z06, bestehend aus Kraftstoff-Vorratsanzeige, beheizbarer Heckscheibe, Beifahrer-Haltegriff, Kleiderhaken, abblendbarem Innenspiegel, Beifahrer-Sonnenblende und der 12-Volt-Anlage. Außerdem bekam der *Jeans-Käfer* die Sportfelgen (M976), die auch schon einige seiner Vorgänger verschönert hatten. Gegen Mehrpreis konnte die Ausstattung M227, Kopfstützen, bestellt werden.

Der Verkaufspreis betrug ab Werk DM 5995 und bot gegenüber einer Einzel-Zusammenstellung der Extras einen Vorteil von DM 300.

Der *City-Käfer VW 1303* sprach mit seinem Chic vor allem die »moderne, selbstbewusste Frau« an, die am Käfer die Zuverlässigkeit und leichte Bedienbarkeit schätzte – im Erst- und Zweitwagen.

Dieses Sondermodell gab es in den drei Sonderlackierungen ibizarot, ischia-metallic und ontario-metallic. Auch hier unterstrichen Klebestreifen an den Türen und Seitenteilen mit dem Schriftzug »1303 City« die äußere Optik. Die Sitzbezüge unterstrichen die Exklusivität des Modells. Sie besaßen breit durchgewebte, der Außenlackierung angepasste Farbstreifen. Der Fahrzeugboden war, ebenso wie die Hutablage hinten, mit Schlingflor-Teppich ausgelegt. Als Sicherheits-Ausstattung besaß der *City VW 1303* Automatik-Sicherheitsgurte und ein mit Kunststoff umschäumtes Lenkrad. Außerdem gehörte zur Serie ein Radio mit den Wellenbereichen LW, MW, KW und

UKW. Fast schon selbstverständlich war, dass der *City-Käfer* auch ein Z-Paket bekam, diesmal Z05 mit Motorraumdeckelschloss, beheizbarer Heckscheibe, Stoßfänger-Gummileisten, abblendbarem Innenspiegel und zwei Rückfahrleuchten. Wie der *Jeans-Käfer* war auch der *City-Käfer* mit der Sportfelge M976 ausgestattet, und selbstverständlich konnte man auch Kopfstützen für dieses Modell bekommen.
Bei einem Verkaufspreis von DM 7440 betrug der Preisvorteil DM 450.
Das dritte Fahrzeug im Bunde der *Sonderserie Käfer der Käufer* war der *Big-Käfer*, ein *VW 1303 S* mit einem 50 PS (37 kW)-Motor. Dieses Modell pries Volkswagen mit den folgenden Sätzen an: »Big entspricht dem, was diesen Käfer auszeichnet: Er ist sportlich, bullig und besonders komfortabel – das Angebot für die Anspruchsvolleren.«
Und wirklich, dieser Käfer erfüllte die meisten Ansprüche der Kundschaft, die diese an einen Käfer stellte. Es gab ihn in den drei Sonderlackierungen hellas-metallic, ontario-metallic und moos-metallic, mit Klebestreifen an den Türen und Seitenteilen mit dem Schriftzug *»1303 Big«*. Die Sitzbezüge waren aus grobstreifigem Cord, der Innentrim auf die Außenlackierung abgestimmt. Schlingenflorteppich bedeckte den Fahrzeugboden und die Hutablage hinten. Eine Holzfolie verschönerte die Armaturentafel, das Lenkrad war mit Kunststoff umschäumt. Der optischen Aufwertung des Innenraums diente auch der gestylte Schalthebelknopf. Auch der Sicherheit der Fahrzeuginsassen wurde man gerecht, zwar gab es die Kopfstützen nur gegen Aufpreis, serienmäßig waren aber die Dreipunkt-Automatic-Sicherheitsgurte (M184).
Wie der *City-Käfer* erhielt auch der *Big-Käfer* das Mehrausstattungspaket Z05 mit den Umfängen Motorraumdeckelschloss, beheizbare Heckscheibe, Stoßfänger-Gummileisten, abblendbarer Innenspiegel und zwei Rückfahrleuchten. Zusätzlich bekam der *Big-Käfer* noch die Mehrausstattung M444, Sportscheibenräder der Dimension 51/2 J × 15 mit der Stahlgürtel-Bereifung 175/70.
Der Verkaufspreis dieses Fahrzeugs lag bei DM 7670, das bedeutete einen Kundenvorteil von DM 420.
Eine weitere Sondermodell-Serie des Käfers erschien am *17. November 1973* unter dem Motto: *Die Winterkäfer zum Sommerpreis*. Diese aus vier Fahrzeugmodellen bestehende Sonderserie konnte bis zum *25. Januar 1974* bestellt werden. Im Einzelnen gab es die folgenden Varianten:

Modellvarianten
VW 1220 mit 34 PS (25 kW)-Motor
VW 1200 L mit 34 PS (25 kW)-Motor
VW 1303 mit 44 PS (32 kW)-Motor und
VW 1303 S mit 50 PS (37 kW)-Motor

Den *VW 1200* mit dem 34 PS-Motor gab es in der Lackierung signalorange. Die Sitzbezüge waren hahnentrittgrau/schwarz und aus Stoff. Zusätzliche gemeinsame Ausstattungsmerkmale waren das Schlechtwetter-Paket, das M-Paket Z06 und die Rückfahrleuchten. Bei einem Preis von DM 5999 betrug der Kundenvorteil DM 155.
Der *VW 1200 L*, der ebenfalls mit dem 34 PS-Motor ausgestattet war, war in der Farbe cliffgrün lackiert und hatte schwarze Stoff-Sitzbezüge. Er zeichnete sich durch das L-Paket, das M-Paket Z06 und das Schlechtwetter-Paket aus. Zusätzlich bekam er Sportfelgen. Der Preis für dieses Fahrzeug: DM 6299. Das bedeutete ebenfalls einen Kundenvorteil von DM 155.
Der *VW 1303*, dessen Motor über 44 PS (32 kW) verfügte, kam in rallyegelb daher. Die Sitze waren wie beim *1200 L* mit schwarzem Stoff bezogen. Zu seiner Serienausstattung gehörten das Schlechtwetter-Paket Z01, das Mehrausstattungs-Paket Z05, Stahlgürtelreifen und das VW Radio Ingolstadt. Mit einem Verkaufspreis von DM 7499 lag der Preis um DM 450 unter dem eines vergleichbaren Fahrzeugs mit einzeln bestellten Mehrausstattungen.
Das hubraum- und leistungsstärkste Modell, der *VW 1303 S* als *Winterkäfer zu Sommerpreisen* besaß den 1,6-Liter-Motor mit 50 PS (37 kW). Ihn gab es in der Farbe phönixrot mit schwarzen Stoff-Sitzbezügen. Die übrige Ausstattung war mit der des *VW 1303* identisch. Sein Preis betrug DM 7699, der Kundenvorteil lag bei DM 480.
Von jedem der vier Modelle des *Winterkäfers zum Sommerpreis* gab es 2500 Exemplare.
Beim *Volkswagen Typ 1* beschränkten sich ansonsten die Modellpflegemaßnahmen nur auf das Allerwichtigste, um den Wagen noch eine Zeit lang am Markt halten zu können. Für beide Motoren – den 1,3-Liter und den 1,6-Liter – wurden Anpassungsmaßnahmen

an die neuen Abgasvorschriften in Europa und in den USA vorgenommen. Der neue Gillet-Abgasschalldämpfer fand jetzt für alle Motoren Verwendung. Er hatte den Vorteil, dass die Außengeräusche vermindert wurden. Beim *VW 1200* musste man allerdings auf diese Neuerung verzichten.

Die neuen 4,5 J-Felgen mit 41 Millimetern Einpresstiefe führten zu einer Veränderung der Spurweiten vorne und hinten. Sie betrug jetzt 1394 Millimeter vorn 1349 Millimeter hinten. Ein neues Scheibenbremssystem mit Schwimmsattel und vergrößertem Bremsbelagvolumen an den Vorderrädern erwies sich als reparaturfreundlicher und besaß eine längere Lebensdauer.

Beim *VW 1200* gab es jetzt auch die Kastenstoßstangen, wodurch sich die Gesamtlänge des Fahrzeugs auf 4070 Millimeter erhöhte. Außerdem bekam der *VW 1200* die großen Heckleuchten, die bisher nur den Modellen *VW 1300* und *VW 1303* vorbehalten waren. Das hatte bei diesem Modell Änderungen an den hinteren Kotflügeln zur Folge.

Der bisherige Gleichstromgenerator des *VW 1200* wurde durch einen Drehstromgenerator mit maximal 50 Ampere ersetzt. Damit konnten auch bei diesem Modell auf Wunsch und gegen Aufpreis Halogen-Hauptscheinwerfer eingebaut werden.

Modellpflege

VW Typ 3

Die Produktion des *VW Typ 3* wurde im *Juli 1973* nach einer Gesamtstückzahl von 2583015 Fahrzeugen – davon 1202483 *Variant* – eingestellt.

VW Typ 4

Der *VW 412* hatte *1973* sein letztes komplettes Produktionsjahr. Im *Mai 1974* wurde er nach 355200 gebauten Einheiten eingestellt. Obwohl man im *August 1973* dies bereits wusste, betrieb man noch eine bescheidene Modellpflege, von der besonders die Motoren profitierten. Die bisherigen Einspritzmotoren wurden in Vergasermotoren umgewandelt – außer für die USA. Im Angebot waren jetzt die beiden folgenden Aggregate:

VW 412		
Motor	**55 kW**	**63 kW**
Bauart	4 Zylinder-Boxermotor, luftgekühlt	
Hubraum (cm^3)	1795	
Bohrung (mm)	93	
Hub (mm)	66	
Leistung (PS/kW)	55/75	63/85
Kompression	1:7,8	1:8,6
Drehzahl (1/min)	5000	5300
Drehmoment (Nm 1/min)	129,5/3400	135,4/3400
Anordnung der Ventile	hängend, Stoßstangen und Kipphebel	
Vergaser	2 Fallstromvergaser Solex 40 PDSIT mit Startautomatik	
Verbrauch (l/100 km)	12,5 (mit Automatik 13,5)	

Die Fahrleistungen lagen mit 150 km/h für den 55-kW-Motor um 5 km/h über dem abgelösten 50-kW-Motor und mit 158 km/h um 3 km/h höher als beim 59-kW-Motor. Auch die Beschleunigungswerte von 0 auf 100 km/h zeigten sich mit 16,6 und 14,5 Sekunden leicht verbessert.

Die Einpresstiefe der Scheibenräder hatte sich verändert und damit auch die Spurbreite vorn und hinten. Die Werte lauteten jetzt 1386 bzw. 1350 Millimeter.

Beim *VW Typ 47*, dem *VW Porsche 914*, gab es analog zum *VW 412* den Wechsel vom 1,7-Liter-Einspritzmotor zum 1,8-Liter-Vergasermotor.

Die bisherigen Scheibenräder der Dimension 4,5 J × 15 mit den Reifen der Größe 155 SR 15 wurden durch 5,5 J × 15-Räder abgelöst, die mit Reifen der Größe 165 SR × 15 bestückt waren. Dadurch änderten sich auch bei diesem Fahrzeug die Spurbreiten auf vorn 1339 und hinten 1380 Millimeter.
Beim *VW Typ 48*, dem *VW K 70*, dem letzten Modell der »alten« Modellgeneration wurden ab *Mai* bzw. *August 1973* die nachfolgend aufgeführten Änderungen und Verbesserungen vorgenommen. Im *Mai* wurde ein neuer, leistungsstärkerer 1,8-Liter-Motor als Ersatz für den 66-kW-Motor eingebaut, sodass es jetzt die beiden Varianten mit 55 kW und 74 kW gab, die auf die neuen Abgasvorschriften in Europa abgestimmt worden waren. Die Daten des neuen 1,8-Liter-Motors lauteten:

VW K 70	
Motor	**1,8 Liter**
Bauart	4 Zylinder, Reihenmotor, luftgekühlt
Hubraum (cm^3)	1807
Bohrung (mm)	87
Hub (mm)	76
Leistung (PS/kW)	74/100
Kompression	1:9,5
Drehzahl (1/min)	5300
Drehmoment (Nm 1/min)	152,1/3750
Anordnung der Ventile	oben liegende Nockenwelle, OHC, Antrieb durch Duplex-Kette
Vergaser	1 Doppel-Flachstromvergaser Solex 40 DDH
Verbrauch (l/100 km)	13,5

Mit diesem Motor erreichte der *VW K 70* unter der neuen Modellbezeichnung *VW K 70 S* und *VW K 70 LS* die Höchstgeschwindigkeit von 162 km/h und benötigte für die Beschleunigung aus dem Stand auf 100 km/h 13 Sekunden.
Auf Wunsch war beim *VW K 70* eine Scheinwerfer-Reinigungsanlage lieferbar, deren Wasserbehälter gleichzeitig auch die Scheiben-Waschanlage versorgte. Die Scheinwerfer-Reinigungsanlage führte dazu, dass der vordere Stoßfänger weiter nach vorn gezogen werden musste, sodass sich eine geringfügige Zunahme der Gesamtlänge des Fahrzeugs ergab.

Der Start des neuen Modellprogramms

1973 war ein Jahr für das Volkswagenwerk, in dem die entscheidenden Weichen für das Überleben des Unternehmens gestellt wurden. Die bisherige Monostruktur mit dem Käfer wurde durch eine breit angelegte Palette neuer, fortschrittlicher Fahrzeuge abgelöst. Dieser Kraftakt musste vom Werk in einer gesamtwirtschaftlich schweren Zeit gemeistert werden.

VW Passat

In der Zeit seiner größten Krise wagte Volkswagen durch die zielstrebige Umstellung seines Modellprogramms den Sprung zu einer neuen Automobilgeneration.

Der Beginn der *1970er-Jahre* war für die Automobilindustrie eine besonders harte Zeit, denn die Treibstoffpreise explodierten, mit der Folge, dass die Verkaufszahlen stark zurückgingen. Das wiederum führte dazu, dass die Automobilmärkte weltweit einbrachen, eine Situation, auf die das Volkswagenwerk nicht vorbereitet war und die es besonders hart traf, weil es mit dem luftgekühlten Modellprogramm schon einige Zeit kein Geld mehr verdiente.

Der erste neue Fahrzeugtyp, den Volkswagen nach der Präsentation im *Mai 1973* im *Juli 1973* zum Basispreis von DM 8555 auf den Markt brachte, war die *Passat-Limousine,* der im *Januar 1974* der *Passat-Variant* folgte. Die neue Modellreihe stellte sich auf allen Märkten, mit Ausnahme der USA – dort hieß der *Passat Dasher* – wie folgt dar:

Der EA 272 als VW-Entwicklung für ein Mittelklasseauto. Aus Kostengründen wurde der daraus entwickelte VW Passat eine Kombination des Audi 80 Vorderwagens mit dem Heck des EA 272.

Passat, 2/4-türig	40 kW (55 PS)
Passat L, 2/4-türig	40 kW (55 PS)
Passat Variant, 4-türig	40 kW (55 PS)
Passat Variant L, 4-türig	40 kW (55 PS)
Passat S, 2/4-türig	55 kW (75 PS)
Passat LS, 2/4-türig	55 kW (75 PS)
Passat LS, 2/4-türig	63 kW (85 PS)
Passat Variant S, 4-türig	55 kW (75 PS)
Passat Variant LS, 4-türig	55 kW (75 PS)
Passat Variant LS, 4-türig	63 kW (85 PS)
Passat TS, 2/4-türig	63 kW (85 PS)

Damit hatte die Modellreihe *VW 1500/1600*, deren Produktion im *Juli 1973* eingestellt worden war, einen Nachfolger gefunden. Der *Passat* war der erste Volkswagen aus eigener Entwicklung mit einem wassergekühlten Vierzylinder-Reihenmotor, der im Fahrzeugbug untergebracht war und die Vorderräder antrieb. Allerdings musste man beim Motor eine Anleihe bei der Tochter Audi in Ingolstadt nehmen, die nur kurze Zeit zuvor ebenfalls ein neues Modell, den *Audi 80*, auf den Markt gebracht hatte. Für den *Passat* und den *Passat Variant* standen *1973/74* drei Motoren zur Verfügung, die zwar über verschiedene Leistungen verfügten, aber alle vom gleichen Aggregat des *Audi 80* abstammten. Dies waren:

VW Passat und Passat Variant			
Motor			
	1,3 Liter	**1,5 Liter**	**1,5 Liter**
Bauart	4 Zylinder-Reihenmotor, wassergekühlt		
Hubraum (cm³)	1297	1471	1471
Bohrung (mm)	75	76,5	76,5
Hub (mm)	73,4	80	80
Leistung (PS/kW)	40/55	55/75	63/85
Kompression ab August 1974	1:8,5	1:9,7 1:8,2	1:9,7
Drehzahl (1/min)	5500	5800	5800
Drehmoment (Nm/1/min) ab August 1974	92,2/2500	113,8/3300 111,8/3300	120,6/4000
Anordnung der Ventile	hängend, oben liegende Nockenwelle, OHC, Antrieb durch Zahnriemen		
Vergaser	1 Fallstromvergaser Solex 35 PDSIT mit Startautomatik		1 Register-Fallstromvergaser Solex 32/35 TDID-5 mit Startautomatik
Zusatzaggregate und Technik			
Lichtmaschine (W)	Drehstrom 490 oder 770		
Batterie (V/Ah)	12, 36 oder 54		
Kupplung	Einscheibentrockenkupplung		
Getriebe	4 Gang		
Antrieb	Frontantrieb, Motor vorne, Getriebe hinter der Vorderachse		
Vorderradaufhängung	McPherson-Federbeine, Querlenker, Schraubenfedern, Stabilisator		
Hinterradaufhängung	Starrachse, Längslenker, Panhardstab, Schraubenfedern		

VW Passat und Passat Variant			
Zusatzaggregate und Technik			
	1,3 Liter	**1,5 Liter**	**1,5 Liter**
Lenkung	Zahnstange (19,1:1), 3,75 Lenkradumdrehungen		
Bremse	Diagonal-Zweikreis-Hydraulik, Servohilfe, Scheibenbremsen vorn, Trommelbremsen hinten Servohilfe bei 40 und 55 kW bis April 1975 als Option		
Felgenart	Stahl-Lochscheibenräder 4 1/2 J × 13 auf Wunsch 5 J × 13		
Abmessungen und Gewichte			
Reifengröße	155-13	155 SR 13	165/70 SR 13
Radstand (mm)	2470	2470	2470
Länge (mm)	4190	4190	4190
Spur v/h (mm)	1340/1335	1340/1335	1340/1335
Länge (mm)	4290	4290	4290
Breite (mm)	1615	1615	1615
Höhe (mm)	1360	1360	1360
Höchstgeschwindigkeit (km/h) mit Automatikgetriebe	147	160 155	168 163
Beschleunigung 0–100 (sec) mit Automatikgetriebe	16,5	13,5 15	12 14
Leergewicht (kg)	Limousine 2 Türen 880, Limousine 4 Türen 890 Variant 920, Automatik + 25		
zul. Gesamtgewicht (kg)	Limousinen 1300, Variant 1420		
Tankinhalt (l)	45	45	45
Verbrauch (l/100 km)	10	bis Juli 1974: 10, Autom. 11 ab Aug. 1974: 10,5/11,5	10, Automatik 11 Superbenzin

Die Motoren waren vorn längs eingebaut, und das, obwohl im *EA 272,* dem ursprünglichen *Passat-Konzept* ein Quereinbau vorgesehen war. Dass man sich für den Längseinbau entschied, lag daran, dass in Wolfsburg der *Passat* und in Ingolstadt der *Audi 80* fast zeitgleich entwickelt wurden, wobei der *Audi 80* einen kleinen Entwicklungsvorsprung besaß. Da man es in der angespannten wirtschaftlichen Situation, in der sich der Konzern befand, nicht verantworten konnte, zwei technische Konzepte mit hohem Kostenaufwand auf den Markt zu bringen, wurde, mit einigen stilistischen Abänderungen, der Vorderwagen des *Audi 80* mit dem Heck des *EA 272* kombiniert. Da Audi sich für den Längseinbau des Motors entschieden hatte, bekam nun auch der *VW Passat* diese Triebwerksanordnung. Damit hatte er in der neuen Modellgeneration von Volkswagen eine Außenseiterstellung.

Bei den wassergekühlten Vierzylinder-Reihenmotoren handelte es sich um sehr kompakte Aggregate, die durch eine leichte Schräglage im Vorderwagen Platz sparend untergebracht waren.

Alle Motorvarianten, besonders das 63-kW-Aggregat, gehörten in ihren Leistungsklassen zum oberen

Frühe Passat beim Absolvieren eines Testprogramms auf dem Steigungshügel des VW-Testgeländes bei Ehra-Lessin.

Durchschnitt. Trotz der Sportlichkeit der Fahrzeuge kam der Motor mit relativ niedrigen Drehzahlen aus. Das volle Drehmoment lag bereits bei mittleren Drehzahlen an. Dadurch ließen sich die Fahrzeuge relativ schaltfrei bewegen. Die Ventilsteuerung über einen Zahnriemen ermöglichte ein leicht und schnell hochdrehendes Aggregat. Die Ventilsteuerung erfolgte nach dem OHC-Prinzip (Over Head Camshaft = oben liegende Nockenwelle). Der Zahnriemenantrieb war nicht nur besonders kostengünstig, sondern auch wartungsarm, geräuscharm und problemlos. Die Nockenwelle wirkte über Tassenstößel auf die parallel in Reihe angeordneten Ventile mit doppelten Ventilfedern. Durch die exzentrische Stößelbewegung erfolgte eine permanente Drehung der Ventile. Dadurch konnte Volkswagen die Einstellintervalle auf 30 000 Kilometer verlängern.

Die Kühlung des Motors wurde durch eine im Fahrwind liegende Ölwanne aus Stahlblech mit 3,5 Litern Ölinhalt und ein effektives Kühlsystem mit 6,5 Litern Wasser sichergestellt. Das Wasser-Kühlsystem arbeitete mit Überdruck und erlaubte dadurch einen leichten, raumsparenden Wärmetauscher mit wenig Wasserballast. Ein elektrisch angetriebener Kühlerventilator schaltete sich thermostatisch gesteuert zu, wenn verstärkte Kühlung erforderlich war.

Das gesamte Antriebsaggregat war in einem Frontantriebsblock konzentriert, der dem *Passat* zu einer hervorragenden Bodenhaftung verhalf. Der Wagen war relativ unempfindlich gegen Seitenwind und überzeugte durch seine hohe Kurvenstabilität. Das Getriebe war so übersetzt, dass sowohl eine hohe Bergsteigefähigkeit und eine flotte Beschleunigung, als auch eine drehzahlgünstige Höchstgeschwindigkeit erzielt wurden. Es ließ sich mit einem Mittelschalthebel exakt schalten. Beim 1,5-Liter-Motor gab es gegen Aufpreis auch ein dreistufiges Automatikgetriebe.

Die Federung war auf Komfort ausgelegt und besaß ein hohes Schluckvermögen. Querstabilisatoren vorn und hinten verhinderten die Seitenneigung und erhöhten die Kurvenstabilität. Die Federbein-Vorderachse und die Torsionskurbel-Hinterachse wirkten spur- und sturzneutral und verhalfen dem *Passat* zu einem ausgezeichneten Geradeauslauf sowie zu einem exakten Kurven- und einem problemlosen Lenkverhalten.

Die Lenkung war direkt und leichtgängig und mit Sicherheitselementen versehen. Beim 1,5-Liter-Motor erhielt sie einen serienmäßigen Lenkungsdämpfer. Mit der lenkstabilisierenden Wirkung des negativen Lenkrollradius' wurde ein Ausbrechen des Wagens weitgehend verhindert.

Die Bremsanlage war fein dosierbar und besaß, je nach Motorausstattung, einen Bremskraftregler und -verstärker. Sie war als Diagonalsystem aufgebaut, sodass jeweils ein Vorderrad und das Hinterrad der gegenüberliegenden Seite an einen Bremskreis angeschlossen waren. So war sichergestellt, dass immer beide Achsen bremsbar waren. Vorn besaßen alle *Passat-Modelle* Scheibenbremsen, hinten Bremstrommeln. Für die *Variant-* und *TS-Modelle* sowie die Fahrzeuge mit Automatik gab es einen unterdruckbetätigten Bremskraftverstärker.

Die Bereifung entsprach den Fahrleistungen der einzelnen Modelle. Die Fahrzeuge verfügten alle über Vierloch-Scheibenräder – ohne Radkappen – der Dimension 4,5 J × 13. Bei den 1,3-Liter-Modellen waren Diagonalreifen der Größe 155-13 aufgezogen, bei Fahrzeugen mit einem 1,5-Liter-Motor waren es serienmäßig 155-SR 13 Stahlgürtelreifen. Die *TS-Modelle* in der 85-PS-Ausführung rollten auf superbreiten Stahlgürtelreifen der Dimension 185/70. Das Reserverad lag im Gepäckraum unter einer Bodenplatte.

Die Ganzstahlkarosserie war selbsttragend, gewichtsgünstig und trotzdem von großer Stabilität. Es gab die zwei- und viertürigen *Schrägheck-Limousinen* und den *Variant,* der ausschließlich viertürig angeboten wurde. Die Fahrgastzelle war als verformungssteife Fachwerk-Konstruktion ausgelegt und mit der Bodengruppe verschweißt. Front- und Heckteil bestanden aus stoßverzehrenden Stahlblechträgern. Die Bodengruppe war eine steife Stahlplattform, die durch kastenförmige Längs- und Querträger verstärkt und mit der Fahrgastzelle sowie den Stahlblechträgern und Front- und Heckteil verschweißt war. Die vorderen Kotflügel waren mit den Stahlblechträgern verschraubt, die hinteren in die Seitenteile integriert.

Die Motorhaube war vor der Windschutzscheibe gelagert und öffnete gegen die Fahrtrichtung. Die Entriegelung erfolgte durch einen Zuggriff, der auf der Fahrerseite unterhalb der Armaturentafel angebracht war. Im geöffneten Zustand wurde die Haube durch eine Haltestange fixiert. Im hinteren Haubenteil befanden sich ein breites eingepresstes Lüftungsgitter sowie eine Scheibenwasch-Doppeldüse.

Die *Limousinen* besaßen im Heck eine Gepäckraumhaube, die durch Zugfedern selbsttätig in geöffnetem Zustand gehalten wurde. Verschließbar war der Gepäckraum mit einem Drehfallenschloss. Bei den *Variant-Modellen* reichte die Heckklappe bis zum Dach und wurde durch Drehstabfedern gehalten. Sie wurde durch ein Druckknopf-Drehfallenschloss entriegelt und konnte, ebenso wie die Gepäckraumhaube bei der *Limousine,* mit einem Schlüssel abgeschlossen werden. Die größte Öffnungshöhe betrug 680 Millimeter, die größte Breite 1260 Millimeter.

Die Türen waren mit einer Sicherheits-Türschließung versehen. Die beiden vorderen Türen der *Limousine* und des *Variants* waren einzeln von außen abschließbar. Die hinteren Türen konnten nur von innen durch einen Druckknopf auf dem Türsims verriegelt werden, ein Mechanismus, der auch für die vorderen Türen zur Verfügung stand. Die hinteren Türen verfügten außerdem über Kindersicherungen und Zwangsentlüftungsöffnungen im unteren Bereich.

Die Fenster bestanden aus Einscheiben-Sicherheitsglas, wobei die Frontscheibe stark, die hintere Scheibe nur gering gewölbt war. Beide Scheiben waren allerdings sehr schräg gestellt. Die Seitenscheiben waren durch eine vertikale Wölbung der Aufbaukontur angepasst. Die vorderen Seitenscheiben waren per Handkurbel zu etwa zwei Dritteln in die Karosserie versenkbar, die hinteren waren bis auf einen kleinen Teil voll in die Karosserie abzusenken.

Der Inhalt des Treibstofftanks, der im Heck eingebaut war, lag bei der *Limousine* bei 46 Litern, beim *Variant* bei 50 Litern. Die Tankverschlussklappe befand sich im rechten hinteren Seitenteil hinter dem Radausschnitt.

Das Basismodell hatte vorne einteilige verchromte Stoßfänger mit integrierten Blinkleuchten, deren Profil mit denen des K 70 identisch war. Die tief herabgezogene Frontschürze besaß unterhalb der Stoßstange längliche Luftöffnungen. Der Kühlergrill war länglich oval, wagenbreit und mit einem schwarzen Kunststoffgitter bestückt, das mit einer schmalen, blanken Einfassung aus eloxiertem Aluminium versehen war. Das VW-Zeichen in der Grillmitte bestand ebenfalls aus eloxiertem Aluminium. Die Rundscheinwerfer waren in entsprechende Öffnungen im Grill eingelas-

Das gesamte Modellprogramm des Passat: Viertürer, Zweitürer und Variant.

sen. Rechts unterhalb des Stoßfängers gab es eine Abschleppöse und ein Signal-Tellerhorn.

Auch die Zierleisten an den beiden Regenrinnen waren aus alu-eloxiertem Material, die Fensterzierrahmen, die Fensterstege und die Kunststoffeinlagen an den Türaußengriffen waren mit schwarzem Kunststoff beschichtet. Schwarze Kunststoffblenden besaßen auch die Zwangsentlüftungen der zweitürigen Modelle links und rechts neben den Heckfenstern.

Die Heckleuchten-Einheiten befanden sich oberhalb des hinteren Stoßfängers. Sie bestanden bei den Limousinen – von außen nach innen – aus einem Blinker mit darunter liegendem Bremslicht, dem Schlusslicht und einer Kammer für als Option einzubauende Rückfahrleuchten. Die Kennzeichenleuchte war in die Gepäckraumklappe bzw. Heckklappe integriert.

Das Fahrzeugheck zierte eine Schriftleiste links auf dem Heckdeckel bzw. der Heckklappe. Sie kennzeichnete die Ausstattungsvariante des jeweiligen Modells als *VW Passat, VW Passat L, VW Passat LS* und *VW Passat TS*.

Das besser ausgestattete *L-Modell* wies gegenüber der Basisversion die folgenden äußeren Unterschiede auf: Der Zierrahmen für die Windschutzscheiben war breiter und aus blankem, alu-eloxiertem Material. Alle Fenster waren mit blanken Zierrahmen eingefasst, ebenso der Kühlergrill. Über die gesamte Gürtellinie führte eine Zierleiste mit Gummistoßkantenprofil. Bei den Zweitürer-Modellen waren außerdem die Kunststoffblenden der Zwangsentlüftung mit einem Chromrand versehen.

Alle *L-Modelle* verfügten über Breitbandscheinwerfer. Der Tankverschluss hinter der Klappe war abschließbar. Der Variant erhielt serienmäßig einen Außenspiegel auf der Beifahrerseite.

Die *TS-Modelle* erhielten eine weitere Aufwertung gegenüber den *L-Modellen*. Sie besaßen runde Halogen (H1)-Doppelscheinwerfer, Gummileisten auf den Stoßstangen vorne und hinten sowie Rückfahrleuchten und ein entsprechendes Heckemblem.

Die Vordersitze des *Passat-Grundmodells* entsprachen dem *Typ 1-Sitz* mit etwa 77 Sitzpositionen. Die Sitze der L-Modelle besaßen zusätzlich eine Ruhesitzeinrichtung. Die Sitzbezüge waren bei allen Modellen aus Stoff. Sie unterschieden sich jedoch durch ihre Qualität.

Die Lehne der Rücksitze war bei den *Limousinen* fest, beim *Variant* nach dem Hochklappen der Sitzfläche nach vorne umklappbar. Dadurch wurde das Volumen der Ladefläche erheblich vergrößert.

Die Armaturentafel war ein verformbarer Fibritkörper, der mit Kunststoffschaum ummantelt und dann mit einer Folie bezogen war. Bei den *L-Modellen* war sie durch ein Dessin in Holzmaserung im mittleren Bereich aufgewertet. Der *VW Passat TS* verfügte zusätzlich über eine Mittelkonsole zwischen Handbremshebel und Armaturentafel mit Voltmeter, Öldruck-Anzeige, Zeituhr und einem offenen Ablagefach. Die bei den *L-Modellen* im Instrumententräger vorhandene Zeituhr wurde bei diesem Modell durch einen Drehzahlmesser ersetzt. Außerdem gab es noch einen Schalter für die beheizbare Heckscheibe.

Gegenüber der Basis-Version unterschieden sich *L-* und *TS-Modelle* durch weitere Details an der Armaturentafel: Sie besaßen einen abschließbaren Handschuhkasten mit Beleuchtung, eine stufenlos regelbare Instrumentenbeleuchtung, eine Beleuchtung für das Heizungsschema, den Tageskilometerzähler und den Zigarrenanzünder. Außerdem war bei ihnen eine elektrische Quarz-Zeituhr serienmäßig.

Das zweispeichige Sicherheitslenkrad – die Speichen waren mit einem Polster abgedeckt – hatte einen Durchmesser von 410 Millimetern. Die *TS-Modelle* verfügten über ein Sportlenkrad mit Lederbezug, Lochspeichen und Hupenknopf. Links und rechts vom Lenkrad befanden sich bei allen Modellen zwei Lenkstockschalter mit den Funktionen für den Blinker, die Parklichtschaltung, Auf- und Abblenden sowie die Lichthupe auf der linken Seite, und den zweistufigen Scheibenwischer auf der rechten Seite. Der *Passat TS* besaß eine elektrisch betriebene Scheibenwaschpumpe, die ebenfalls mit diesem Hebel in Gang gesetzt wurde.

Erwähnenswert für die Grundausstattung des *Passat* sind die zwei gepolsterten Sonnenblenden, der Sicherheits-Innenspiegel, zwei Aschenbecher, zwei Ablagen in der Armaturentafel, je ein flexibler Zuziehgriff an den Türen, ein flexibler Beifahrer-Haltegriff, je ein Haltegriff für die Fondpassagiere mit einem Kleiderhaken links und rechts am Dachholm, eine Innenleuchte und insgesamt 16 Schraubenanschlüsse für Sicherheitsgurte, die selbst aber immer noch aufpreispflichtig waren. Der Fußboden war mit Gummimatten bedeckt, unter denen sich eine Dämmlage aus Bitumenfilz befand. Die Fußraumquerwand und die Radhäuser waren mit Vlies belegt, ebenfalls mit einer Dämmschicht darunter. Das Dach war mit einem Faservlies gedämmt, auf dem eine PVC-Folie mit Baumwollgewirke angebracht war. Die Türen und Seiten waren mit einer Hartfaserplatte mit aufgeschweißter, schaumkaschierter Folie und Dämpfungspappe verkleidet. Der Gepäckraumboden der *Limousine* war mit einer Gummimatte bedeckt, die sich beim *Variant* bis auf die Rückseite der Fondsitze hoch erstreckte.

Ein Blick auf die Instrumententafel des Passat L.

Die *Passat L-Modelle* besaßen statt der Gummimattenlagen Teppich. Die Türausschnitte waren mit Nirosta-Einstiegsleisten verblendet. Auf den Tür- und Seitenverkleidungen befanden sich je zwei Zierleisten. Das *Passat L-Modell* unterschied sich außerdem vom Basismodell durch seine Armlehnen an allen Türen, die als Zuziehgriffe ausgebildet waren, sowie einen Schminkspiegel in der Beifahrer-Sonnenblende und beim *Variant L* durch eine zusätzliche Gepäckraumleuchte. Beim *TS-Modell* war der Innenspiegel abblendbar.

Die Frisch- und Warmluft gelangte von vorn in das Fahrzeuginnere und konnte hinten durch eine wirkungsvolle Zwangsentlüftung wieder abfließen. Der Frischlufteintritt lag unmittelbar vor der Windschutzscheibe in einer staubfreien Zone, die Warmluft wurde über den Wasserkühler durch Schläuche in das Wageninnere geleitet. Im Wageninneren befanden sich Defrosterschlitze unterhalb der Windschutzscheibe in voller Wagenbreite sowie je eine runde Türscheiben-Defrosterdüse links und rechts auf der Armaturentafel. Hinzu kamen je ein Frischbelüftungsschacht links und rechts auf der Armaturentafel sowie zwei Ausströmer, die in den Fußraum ausgerichtet waren und sowohl Frisch- als auch Heizluft wahlweise in das Wageninnere bringen konnten.

Geregelt wurde die Klimatisierung des Fahrzeugs durch zwei verschiebbare Hebel in der Armaturentafelmitte sowie einen Drehknopf für das Kühlwasserventil.

1974: Modellpflege

VW Typ 1

Am *16. März 1974* legte Volkswagen die nächste Sondermodell-Serie des Käfers unter dem Motto *Die Volkssparwagen* auf die Bänder, die bis zum *19. April* bestellt werden konnten. Diese bestand aus den zwei Modellen *VW 1200* und *VW 1200 L*, beide mit dem 34 PS (25 kW)-Motor. Optisch unterschieden sich die beiden Fahrzeuge nicht nur durch ihre Lackierung – der *VW 1200* war brillantgelb mit Sitzbezügen aus staubgrünem Jeansstoff, der *VW 1200 L* lofotengrün mit bambusfarbigen Stoff-Sitzbezügen mit Kunstlederwangen –, sondern auch durch ihre weitere Ausstattung. Der *Volkssparwagen VW 1200* hatte Sportfelgen, Taschen hinter den Vordersitzen und an den Türverkleidungen, und alle Chromteile waren schwarz. Beim *Volkssparwagen VW 1200 L* gehörten Dreipunkt-Automatik-Sicherheitsgurte und Taschen an den Türverkleidungen zur Serienausstattung. Beiden Modellen gemeinsam waren Gürtelreifen, Nackenstützen, die Schalttafelpolsterung, der Sportschaltknopf und das M-Paket Z06.

Der *Volkssparwagen VW 1200* kostete DM 5965, der *VW 1200 L* DM 6265. Beide hatten einen Kundenvorteil von DM 300.

Am *26. Oktober 1974* brachte Volkswagen das letzte Sondermodell des Käfers in den *1970er-Jahren* heraus, den *Jeans zum Fahren*, einen *VW 1200 L* mit 34 PS (25 kW). Dieser Wagen, der eine Produktionszahl von 15 300 Einheiten hatte, war letztlich eine Neuauflage des erfolgreichen *Jeans-Käfers* aus der Sonderserie *Käfer der Käufer* von *1973*. Von diesem neuen Modell wurden bis zum *31. Januar 1975* 4000 Fahrzeuge verkauft, alle mit der gleichen Ausstattung: Lackierung in orange, Sitzbezüge aus blauem Jeansstoff, Benzinuhr, beheizbare Heckscheibe, Gürtelreifen, Sportfelgen 41/2 J × 15, Kopfstützen, Schalttafelpolsterung, Nebelschlussleuchte, 12-Volt-Anlage und Hauptscheinwerfer mit Halogenlampen. Der Preis lag bei DM 6795 und enthielt einen Preisvorteil von DM 400.

Damit fand die Modellpolitik der *Käfer-Sondermodelle* ihr vorläufiges Ende, denn der Golf, der 1974 in Produktion ging, erforderte jetzt wegen des immensen Kundeninteresses alle freien Produktionskapazitäten.

Das wichtigste Ereignis in der Geschichte des *Typ 1* fand am *1. Juli 1974* statt. An diesem Tag lief um 11.19 Uhr im Stammwerk der letzte *Käfer* aus Wolfsburg vom Band. Seit *1945* waren dort insgesamt 11 916 519 Fahrzeuge dieses Typs gebaut worden. Die Produktion für die deutsche und europäische Kundschaft fand jetzt ausschließlich in den Werken Hannover, Emden und Brüssel statt. Den frei gewordenen Platz auf den Bändern in Wolfsburg nahmen zunächst der *Golf* und später auch der *Audi 50* ein.

Das *Käfer-Angebot* wurde gestrafft. Es gab jetzt noch vier *Limousinen-Modelle*, das *Cabrio Typ 15* sowie die *Karmann Ghia-Modelle Typ 14*. Die Preise für diese Fahrzeuge wurden im *August 1974* neu festgelegt:

Modell	DM
VW 1200 (34 PS/25 kW)	6395
VW 1303 (44 PS/32 kW)	7995
VW 1303 (50 PS/37 kW)	8260
VW 1303 Cabrio (50 PS/37 kW)	11 080
Karmann Ghia Coupé (50 PS/37 kW)	9785
Karmann Ghia Cabrio (50 PS/37 kW)	14 422

Alle *Käfer* mit großem Vorderwagen wurden nur noch unter der Bezeichnung *1303* geführt. Jeglicher Zusatz mit dem Hinweis auf die Ausstattung oder die Motorisierung auf dem Motordeckel entfiel.

Aus Kostengründen wurde beim *VW 1200* die Ausstattung reduziert. So entfielen die Radkappen, dafür bekamen die Radnaben und die Radmuttern Kunststoffkappen. Der Handschuhkastendeckel wurde durch einen Kunststoffrahmen um das Ablagefach ersetzt.

Die Fahrersonnenblende sowie die Tür- und Seitenverkleidungen wurden geändert. Die Dämpfung auf dem Rahmentunnel und dem hinteren Bodenblech entfiel, ebenso wie im Kofferraum.
Wer eine bessere Ausstattung bevorzugte, konnte ein *L-Paket* mitbestellen, das eine zusätzliche Geräuschdämmung, Zierrahmen an den Fenstern und ein abschließbares Ablagefach einschloss.
Die Motoren wurden den neuen Abgasvorschriften für Europa und die USA angeglichen. Eine neu entwickelte Zahnstangen-Lenkung machte einen Lenkungsdämpfer überflüssig.
Das *VW Cabrio Typ 15* erhielt ein vergrößertes Rückfenster.
Die Änderungen aber, die man bei allen Modellen gleich auf den ersten Blick von außen erkannte, waren die vorderen Blinkleuchten, die jetzt in die Kasten-Stoßfänger integriert waren.
Die Produktion der *Karmann Ghia-Modelle* wurde im *Juli 1974* eingestellt. Insgesamt wurden von *Coupé* und *Cabrio* 445 295 Einheiten hergestellt. Der Nachfolger auf den Bändern bei Karmann in Osnabrück war der *Scirocco*.

VW Typ 4

Das Jahr *1974* war das letzte Produktionsjahr des *VW 412*, dessen Fertigung im *Mai 1974* endete.
Weiter gebaut wurde jedoch der *VW Typ 47*, der *VW Porsche 914*. Bei ihm wurde noch einmal der Motor an die neuen Abgasvorschriften in den USA und Europa angepasst.

Das Cabrio Typ 15 war immer noch im Verkaufsprogramm und erfreute sich bei den Kunden großer Beliebtheit.

Die Fahrzeuge, die mit bleifreiem Kraftstoff fahren konnten, erhielten einen Tankeinfüllstutzen mit kleinerem Durchmesser.

Die Produktion dieses Fahrzeugs lief *Ende 1975* aus, ohne dass weitere Modellpflegemaßnahmen erfolgten.

Im *Dezember 1974* endete auch die Produktion des *VW K 70* nach einer Gesamt-Stückzahl von 210 082 Stück.

VW Passat

Obwohl er gerade einmal ein gutes Jahr auf dem Markt war, unterlag auch der *Passat* bereits *1974* einigen Modellpflegemaßnahmen. Im *August* wurden die Motoren den neuen Abgasbestimmungen angepasst. Der 55-kW-Motor wurde auf den Betrieb von Normalbenzin umgestellt. Dabei verringerte sich die Verdichtung. Man veränderte die Vergaserbestückung und verwendete den Abgaskrümmer des 63-kW-Motors. Die Federbeine bekamen Zweirohrdämpfer, die für ein noch komfortableres Fahrverhalten sorgten.

Optisch auffällig war der Einsatz von Kunststoffecken an den Stoßfängern, die die bisherigen Stahlrundungen ablösten. Auch am Heck der Limousinen konnte man Veränderungen feststellen, wenn der Kunde eine Ladeklappe für den Gepäckraum bestellt hatte, die auch das Rückfenster mit einschloss. Eine produktionstechnische Vereinfachung waren die Zwangsentlüftungen, die jetzt auch bei den zweitürigen Fahrzeugen in die Türen verlegt worden waren. In den Lenkstockschalter war eine Tipp-Wisch-Funktion oder auf Wunsch eine Intervallschaltung eingebaut.

Auch wenn ihre Tage gezählt waren, konnten sich der VW 412 und der K 70 noch immer sehen lassen.

1974: Der VW Golf und der VW Scirocco

Der *EA 276* war der erste Schritt zu einem Käfer-Nachfolger. Erste Studien zu diesem Fahrzeug begannen bereits *1969*. Bei diesem Fahrzeug hatte sich Volkswagen erstmals der automobilen Zukunftstechnologie zugewandt und versucht, nicht nur den Anschluss an die allgemeine technische Entwicklung zu bekommen, sondern wieder, wie mit dem Käfer zu Beginn der *1950er-Jahre*, Technologien für das Auto der Zukunft zu entwickeln.
Dieser Prototyp wies bereits damals eine Silhouette und Technik auf, die dem *EA 337*, der fünf Jahre später als *Golf* auf den Markt kam, zu seinem einzigartigen Erfolg verhelfen sollte:

- kurzes Heck mit langem Dach
- Frontmotor quer eingebaut mit Antrieb auf die Vorderräder
- Verbundlenker-Hinterachse
- große Heckklappe
- Tank geschützt unter der hinteren Sitzbank
- Reserverad flach unter dem Boden des Kofferraums
- kompakte Innen- und Außenabmessungen.

Da man aber noch keine modernen Aggregate zum Einbau zur Verfügung hatte, griff man zunächst beim Motor auf die bewährten Käferaggregate zurück, ohne allerdings ernsthaft daran zu denken, den luftgekühlten Boxermotor an dieser exponierten Stelle im Vorderwagen einbauen zu wollen. Bereits Ende *1969* war die Entscheidung für einen quer eingebauten wassergekühlten 4-Zylinder-Reihenmotor mit einem ebenfalls quer eingebauten Getriebe gefallen.

Der EA 276 war der erste Prototyp des Volkswagenwerks, der in Richtung eines Kompaktwagens mit Schrägheck zielte. Er wurde 1969 entwickelt und vereinte bereits eine Vielzahl optischer und technischer Details vom späteren Golf.

Gemeinsamkeiten von VW Golf und VW Scirocco

Bei den Typen *Golf* und *Scirocco*, die *1974* auf den Markt kamen, handelte es sich um technisch weitestgehend identische Fahrzeuge, die sich im Wesentlichen durch ihre Karosserien unterschieden. Der *Golf* war eine Limousine, der *Scirocco* ein Coupé. Trotz der engen technischen Verwandtschaft hatte sich Volkswagen entschlossen, den beiden Fahrzeugen unterschiedliche Typen- und Modellnummern zuzuordnen. Der *Golf* wurde zum *Typ 17*, der *Scirocco* zum *Typ 53*.

Die Modellbezeichnungen beim *Golf* lauteten *171–174*, beim *Scirocco* waren es die Nummern *531–534*. Zunächst präsentierte das Volkswagenwerk den *Scirocco*. Das war am *25. Februar 1974*. Die Pressepräsentation des *Golf* folgte im *Mai*. Während es den *Scirocco* nur zweitürig gab, waren beim *Golf* in der leistungsstärkeren Variante als *Golf S/LS* auch vier Türen vorgesehen.

Die technischen Parameter der Fahrzeuge waren:

	Golf/Scirocco	Golf S/Scirocco S	Scirocco TS
Motor			
Bauart	4-Zylinder-Reihenmotor, quer eingebaut, wassergekühlt		
Hubraum (cm^3)	1093	1471	1471
Bohrung (mm)	69,5	76,5	76,5
Hub (mm)	72	80	80
Leistung (PS/kW)	37/50	51/70	63/85
Kompression	1:8,0	1:8,2	1:9,7
Drehzahl (1/min)	6000	5800	5800
Drehmoment (Nm bei 1/min)	79/3000	110/2500	112,9/3200
Anordnung der Ventile	hängend, OHC, Antrieb durch Zahnriemen		
Vergaser	1 Fallstrom Solex 34 PICT-5 mit Startautomatik		1 Register-Fallstromvergaser Solex 32/35 TDID mit Startautomatik
Zusatzaggregate und Technik			
Lichtmaschine (W)	Drehstrom 490 oder 770		
Batterie (V/Ah)	12/36 oder 63		
Kupplung	Einscheibentrockenkupplung		
Getriebe	4 V, 1 R		
Antrieb	Frontantrieb, Motor-Getriebe-Block quer vor der Vorderachse		
Vorderradaufhängung	McPherson-Federbeine, Querlenker, Schraubenfedern		
Hinterradaufhängung	Federbeine, Längslenker, Schraubenfedern, stabilisierender Querträger		
Lenkung	Zahnstange		
Bremse	Diagonal-Zweikreis-Hydraulik, vorne Scheiben, hinten Trommeln		
Felgenart	Vierloch-Scheiben		
	bis April 1975: 4,5 J × 13 ab April 1975: 5 J × 13	5 J × 13	5 J × 13

	Golf/Scirocco	Golf S/Scirocco S	Scirocco TS
Abmessungen und Gewichte			
Reifengröße	bis April 1975: 5,95 bzw. 145-13 ab April 1975: 155 SR 13	155 SR 13 oder	175/70 SR 13
Radstand (mm)	2400		
Spur v/h (mm)	1390/1348		1390/1358
Länge (mm)	3705 (L/LS 3725)		3885
Breite (mm)	1610		1625
Höhe (mm)	1410		1310
Höchstgeschwindigkeit (km/h) mit Automatik	142	156 152	176 172
Beschleunigung 0–100 (sec) mit Automatik	17	13 14	11 12,5
Leergewicht zwei-/viertürig (kg)	780/805	810/835 Automatik + 25	830
zul. Gesamtgewicht (kg)	1180	1210 Automatik + 25	1180
Tankinhalt (l)	40 (vor der Hinterachse)		
Verbrauch (l/100 km) Automatik	9,5	10 10,5	9,5 (Super) 10 (Super)

Im Februar 1974 wurde der Scirocco der internationalen Presse präsentiert. Mit diesem Coupé hatte Volkswagen den Geschmack der Zeit getroffen. Die Fahrleistungen des Wagens gingen weit über das hinaus, was man bisher von Volkswagen gewohnt war.

Im Mai, nur wenige Wochen nach dem Scirocco, wurde der Golf der Öffentlichkeit vorgestellt. Die wirtschaftlichen Voraussetzungen für diesen Kraftakt waren bei Volkswagen alles andere als gut. Der Golf musste bei der Kundschaft Zustimmung finden und mittelfristig den Käfer ablösen, wenn das Werk überleben sollte.

Alle drei Motoren waren quer zur Fahrtrichtung geneigt eingebaut, der 1,1-Liter um 15 Grad nach vorn, der 1,5-Liter um 20 Grad nach hinten. Sie besaßen alle eine oben liegende, dreifach gelagerte Nockenwelle, die durch einen Zahnriemen von der Kurbelwelle angetrieben wurde.

Die Ventile wurden beim 1,1-Liter-Motor über Schwinghebel, beim 1,5-Liter-Motor direkt über Stößel angetrieben. Die Nockenwelle beim 1,1-Liter-Motor besaß acht Nocken für die Ventile und einen für den Kraftstoffpumpen-Antrieb. Der Zündverteiler war in Verlängerung der Nockenwelle angeordnet und wurde von dieser betrieben. Der Zahnriemen trieb zusätzlich die Wasserpumpe an, mit deren exzentrisch gelagertem Antriebsrad die Riemenspannung eingestellt werden konnte. Die Ölpumpe war mit der Kurbelwelle verbunden. Die Lichtmaschine war am Motorträger befestigt.

Der 1,5-Liter-Motor besaß eine Zwischenwelle mit Stirnrad, die vom Zahnriemen angetrieben wurde. Durch sie wurden der Zündverteiler, die Kraftstoffpumpe und die Ölpumpe betätigt. Von der Kurbelwelle aus wurden die Lichtmaschine und die Wasserpumpe durch einen Keilriemen angetrieben. Der Kühler war vor dem Motor untergebracht. Mit Ausnahme des 1,5-Liter-63-kW-Motors benötigten die neuen Motoren Normalbenzin.

Das Getriebe verfügte über vier Vorwärts- und einen Rückwärtsgang. Ab *1. August 1974* stand für die 1,5-Liter-Motoren auch ein Automatik-Dreiganggetriebe mit hydrodynamischem Drehmomentwandler zur Verfügung. Der Schalt- bzw. Wählhebel befand sich in der Fahrzeugmitte. Die Vorwärtsgänge waren durch schrägverzahnte Räder im Dauereingriff. Diese kompakte Bauweise des gesamten Antriebsaggregats hatte mehrere Vorteile: geringe Kraftübertragungsverluste, Einsparung von Übertragungsteilen, geringer Wartungsaufwand, verminderte Reparaturanfälligkeit und damit geringere Kosten, eine günstige Belastung der Antriebsräder und geringe Seitenwindempfindlichkeit.

Die Vorder- und Hinterachse ähnelten in ihrem technischen Aufbau der beim *VW Passat* verwendeten. Die Vorderachse war eine McPherson-Konstruktion mit

Federbeinen, asymmetrischen Blech-Querlenkern und hoch liegenden Schraubenfedern. Der Antrieb erfolgte über Doppelgelenkwellen, die ungleich lang waren. Die Zahnstangenlenkung wirkte auf die Enden der angelenkten Spurstangen. Ein Lenkungsdämpfer und ein Stabilisator waren nicht erforderlich.

Die Hinterachse war eine sogenannte Verbundlenker-Achse mit progressiv wirkenden Schraubenfedern und Stoßdämpfern. Die Achse wurde von je einem Längslenker an jeder Seite geführt, der mit dem Achskörper aus T-Profil verschweißt war. Die Federung wurde zusätzlich durch Stoßdämpfer, aufgesetzte Schraubenfedern und zusätzliche Gummihohlfedern sichergestellt.

Die hydraulische Zweikreisbremse wirkte diagonal vorn auf außen liegende Scheiben, hinten auf Trommeln. Ein Bremskraftverstärker gehörte nur bei Fahrzeugen mit Automatik-Getriebe oder bei der US-Ausführung sowie beim *Scirocco* zur Serienausstattung, war aber auf Wunsch für alle Modelle erhältlich.

Die elektrische Anlage war mit ihrer 12-Volt-Drehstrom-Lichtmaschine auf dem technischen Stand der Zeit. Die Batterie war wartungsfreundlich im Motorraum untergebracht. Die Scheinwerfer mit asymmetrischem Abblendlicht waren vom Motorraum einstellbar. Halogen-Doppelscheinwerfer gab es nur für den *Scirocco TS*.

Die Karosserie war kompakt, mit schrägem Heck und tief liegender Gürtellinie. Der Insassen-Sicherheit widmeten die Konstrukteure besondere Aufmerksamkeit: Zusätzlich zu den serienmäßigen Dreipunkt-Sicherheitsgurten vorn waren auf allen Plätzen Einbaumöglichkeiten für Gurte vorgesehen. Die Vordersitzlehnen waren verriegelbar, auf Wunsch waren sie mit Kopfstützen ausgestattet. Die Schalttafel, das Dach und die Sonnenblenden waren gepolstert. Die Sicherheitslenksäule war durch Kreuzgelenke so unterbrochen, dass sie nicht in das Wageninnere geschoben werden konnte, und das Lenkrad war auf Sicherheit optimiert. Die Türgriffe und -schlösser waren unter Sicherheitsaspekten konstruiert.

Die Karosserie war, wie bei allen Volkswagen der neuen Modellgeneration, selbsttragend. Die konstruktiven Details entsprachen dem *Passat*.

Je nach Ausstattungsvariante war der Fahrzeugboden mit einer Gummimatte oder mit Teppichboden ausgelegt. Das Dach, die Tür und die Seitenholme waren mit Kunstleder verkleidet. Die Schalttafel war ergonomisch und unter Berücksichtigung von Sicherheitsanforderungen konstruiert. Sie war mit einer mattschwarzen Abdeckung versehen, die beim *Golf L* und *Scirocco L und TS* zusätzlich gepolstert war. Die Schalter für die kombinierte Heizung mit Wasser-Wärmetauscher und Gebläse sowie die Belüftung des Fahrzeugs waren griffgünstig platziert. Die Warmwasserheizung war mit dem Kühlwasserkreislauf des Motors parallel geschaltet. Die Frischluft trat vorn in das Wageninnere und konnte durch ein Gebläse verstärkt werden. Eine Zwangsentlüftung befand sich beim *Golf* in der Heckklappe. Beim *Scirocco* war sie in den Türen.

Ein Blick auf die Instrumententafel des Golf zeigt, dass die Konstrukteure auch hier eine gute Arbeit geleistet hatten.

Die wichtigsten Rundinstrumente waren optimal in einem Schalttafeleinsatz im Sichtfeld des Fahrers untergebracht. Alle Türen waren mit Kurbelfenstern ausgestattet. Die Tür- und Seitenholme waren, um ein möglichst optimales Sichtfeld zu erreichen, so schmal wie möglich gehalten. Trotzdem war die Fahrgastzelle in alle Richtungen besonders verformungsstabil.

Der Gepäckraum mit einem Volumen von 320 Litern beim *Golf* und 300 Litern beim *Scirocco* lag hinter der Hinterachse. Durch Umklappen der Rücksitzlehne war es möglich, den Kofferrauminhalt auf 570 Liter beim *Golf* und 533 Liter beim *Scirocco* zu erweitern. Das Reserverad lag in einer mit einem Deckel verschließbaren Mulde im Boden des Kofferraums. Beim *Basismodell* war der Gepäckraum mit einer Gummimatte, beim *L-Modell* mit Teppich ausgekleidet.

Der VW Scirocco als eigenständiger Typ

Technisch waren *VW Golf* und *VW Scirocco* weitestgehend identisch, sieht man einmal davon ab, dass es für das Coupé eine leistungsstärkere Motorvariante gab. Die optischen Unterscheidungsmerkmale gaben dem Volkswagenwerk jedoch recht, dem *Scirocco* eine separate Typennummer zu geben.

Die Karosserieform des *Scirocco* zeichnete sich durch eine sportliche Keilform aus, ein Entwurf des italienischen Designers Giorgio Guigiaro. Der erste Entwurf wurde im Windkanal in Wolfsburg aerodynamisch und optisch optimiert. Hier wurden dem Modell die Spoiler an Bug und Heck sowie die integrierte Regenleiste angefügt, die für geringe Windgeräusche und schmutzfreie Seitenscheiben sorgte.

Die breiten Türen hatten einen großen Öffnungswinkel und ermöglichten einen bequemen Einstieg in das funktionelle und gleichzeitig komfortable Coupé. Die Einzelsitze verfügten über eine Längs- und Lehnenverstellung sowie eine Lehnenverriegelung. Die Bezüge waren je nach Modell aus grobstreifigem, atmungsaktivem Cord, Schottenmusterstoff oder als Mehrausstattung gegen Aufpreis aus Kunstleder. Die Instrumententafel war weitestgehend mit der des Golf identisch. Die Instrumente waren jedoch durch kegelförmige Gläser – sogenannte Pagodengläser – blendfrei abzulesen.

Die Lenkung war, einschließlich des Sicherheitslenkrads, mit der der entsprechenden *Golf-Modelle* identisch. Der *Scirocco TS* verfügte jedoch über ein Sicherheitslenkrad mit drei Aluminium-Lochspeichen und tief liegender Lenkradnabe, die von einem gummiarmierten Pralltopf umgeben war.

Die Ausstattungsdetails für den *Scirocco* in der Basisausstattung waren: elffach verstellbare Vordersitze mit siebenfach verstellbaren Rückenlehnen, Sicherheitsverriegelung der Rückenlehnen; Rücksitzlehne

Der Scirocco mit der Fahrgestell-Nummer 000 001 steht heute im Museum.

zur Gepäckraumvergrößerung umklappbar; Fußboden mit Gummimatten ausgelegt; Fußraumwände und Hutablage mit Vliesmaterial verkleidet; Sicherheitsarmaturentafel mit Kunststoff gepolstert und mattschwarzer Oberfläche; Sicherheitstürinnengriffe; Sicherheitsarmlehnen; zwei gepolsterte Sonnenblenden, die Fahrersonnenblende seitlich schwenkbar; Sicherheitsinnenspiegel; zwei Aschenbecher; zwei Ablagen in der Armaturentafel; flexibler Beifahrer-Haltegriff am Dachholm; zwei Kleiderhaken an den Türholmen; Innenleuchten mit Kontaktschaltern an den Türen; Scheibenwischer-Anlage mit zwei Wischergeschwindigkeiten; Scheibenwaschanlage mit elektrischer Pumpe; Richtungsblinker mit automatischer Abschaltung; Überhol- und Warnlichtschaltung; Lichthupe; Parklichtschaltung; automatische Rückschaltung der Scheinwerfer auf Standlicht beim Anlassen und beim Abschalten der Zündung; zwei Rückfahrleuchten; Automatik-Sicherheitsgurte vorn sowie Gurtanschlüsse für die Sitzplätze hinten; Dauerschutzkonservierung für den Unterboden und die Radhäuser.

Die Instrumentierung bestand aus einem Tachometer mit einem Kilometerzähler sowie einem Kombiinstrument mit einer elektrischen Zeituhr, Kühlwassertemperatur- und Kraftstoffvorratsanzeige und diversen Kontrollleuchten.

Der *Scirocco L/LS* hatte zusätzlich zur Basisausstattung Stoßfänger-Gummileisten, Zierleisten unterhalb der Türen, eine elektrisch beheizbare Heckscheibe und Ruhesitze vorn. Der Lenkradkranz war gepolstert, in der Beifahrer-Sonnenblende befand sich ein Make-up-Spiegel. Der Innenspiegel war abblendbar. Außerdem verfügte der *Scirocco L/LS* über einen beleuchteten, abschließbaren Ablagekasten; zwei Ablagen unterhalb der Armaturentafel; einen großen Griffbügel an den Türarmlehnen (dafür entfiel der Beifahrer-Haltegriff); Fondsitzarmlehnen (sie waren in die Seitenteile eingeformt); breite Zierleisten an den Tür- und Seitenverkleidungen, die sich auf der Armaturentafel fortsetzten; eine Metalleffekt-Blende am Instrumententräger; Zigarrenanzünder; einen Tageskilometerzähler; eine Beleuchtung für die Belüftungs-/Heizungshebel und den Aschenbecher; eine Leuchtkennzeichnung des Warnlichtschalters; Scheibenwischer-Intervallschaltung, auf Wunsch mit Wisch-Wasch-Automatik; Teppich-Bodenbelag; eine Gepäckraumleuchte und am Heck den Schriftzug »L«.

Der *Scirocco TS* erhielt gegenüber dem *Scirocco L* eine nochmals um die nachfolgenden Elemente aufgewertete Ausstattung: Halogen-Doppelscheinwerfer; Seitenzierleisten mit Gummiprofil; Doppeltonhorn; Vordersitze mit integrierten Kopfstützen; alle Sitze mit Schottenmuster-Stoffeinlage; ein Sportlenkrad mit Lederbezug und drei gelochten Aluminiumspeichen; eine Mittelkonsole vor der Armaturentafel mit Zeituhr, Voltmeter und einer zusätzlichen Ablage. Den Platz der in die Konsole verlegten Zeituhr nahm im Instrumententräger ein Drehzahlmesser ein. Am Heck befand sich rechts unterhalb des Spoilers der Schriftzug *»VW Scirocco TS«*.

Ein kurzer Ausblick

Zu diesem Zeitpunkt zeichnete sich eines deutlich ab: Das luftgekühlte Modellprogramm schien keine Tragfähigkeit für die Zukunft mehr zu haben. Die Verkaufszahlen gingen – wenn auch auf hohem Niveau – auch beim Käfer zurück. Und was noch schlimmer war, das Volkswagenwerk verdiente kaum noch etwas mit seinen Fahrzeugen. Handeln war angesagt, wenn man die Herausforderungen der Zukunft meistern wollte, die in ihrer vollen Tragweite erst noch auf das Unternehmen und die gesamte Weltwirtschaft zukommen sollten.

Das neue wassergekühlte Modellprogramm musste seine Tragfähigkeit und seine Orientierung auf die Zukunft beweisen. Die Startchancen waren allerdings wegen der weltwirtschaftlichen Situation sehr schlecht. Mineralölkrise und weltweilt sinkende Verkaufszahlen von Automobilen erleichterten den neuen Volkswagen-Modellen den Start keineswegs, und die wirtschaftliche Situation des Volkswagenwerks selbst, das in zwei Jahren mehr Verluste machte als sein Stammkapital betrug, waren ebenfalls nicht positiv.

Wichtig war in diesem Zusammenhang nur eines: Das neue Modellprogramm kam bei der Kundschaft sehr gut an, und auch die wirtschaftlichen Rahmenbedingungen verbesserten sich ab *1975* wieder. Für Volkswagen zeichnete sich eine positive Zukunft ab, die dazu führen sollte, dass aus den drei Typen *Passat, Golf* und *Scirocco,* die die Basis für die neue Modellgeneration legten, sich in den folgenden Jahren ein Typen- und Modellprogramm entwickelte, das nicht nur die Kundenwünsche erfüllte, sondern wieder, wie in den *1950er-Jahren,* die Messlatte für den Automobilbau schlechthin legte.

Das VW-Modellprogramm 1974: eine gute Basis für die Zukunft.

Anhang

Produktionszahlen Typ 1					
Jahr	Typ 1	Typ 3	Typ 4	Passat	Golf
1945	1785	–	–	–	–
1946	10020	–	–	–	–
1947	8987	–	–	–	–
1948	19244	–	–	–	–
1949	46146	–	–	–	–
1950	81979	–	–	–	–
1951	93709	–	–	–	–
1952	114348	–	–	–	–
1953	151323	–	–	–	–
1954	202174	–	–	–	–
1955	279986	–	–	–	–
1956	333190	–	–	–	–
1957	380561	–	–	–	–
1958	451526	–	–	–	–
1959	575406	1	–	–	–
1960	739443	12	–	–	–
1961	827850	10663	–	–	–
1962	877014	127324	–	–	–
1963	883488	181809	–	–	–
1964	948370	262020	–	–	–
1965	1090863	261915	–	–	–
1966	1080165	311692	9	–	–
1967	925787	201772	28	–	–
1968	1186134	244427	22922	–	–
1969	1219314	267358	48521	–	–
1970	1196099	272031	42587	–	–
1971	1291612	234224	79270	–	–
1972	1220686	157543	70368	–	–
1973	1206018	55198	65517	–	–
1974	791053	–	28349	312889	189890

Verkaufspreise Inland
(Jeweils preiswertestes Modell)

Jahr	Typ 1	Typ 3	Typ 4	K 70	914	Passat
1945	4150 (RM)	–	–	–	–	–
01.01.1948	5300 (RM)	–	–	–	–	–
01.07.1949	4800 (DM)	–	–	–	–	–
20.05.1950	4800	–	–	–	–	–
15.10.1950	4400	–	–	–	–	–
01.09.1951	4600	–	–	–	–	–
15.02.1952	4600	–	–	–	–	–
01.01.1953	4400	–	–	–	–	–
17.03.1953	4150	–	–	–	–	–
10.03.1954	3950	–	–	–	–	–
06.08.1955	3790	–	–	–	–	–
31.07.1961	3810	6400	–	–	–	–
01.08.1963	3810	5990	–	–	–	–
01.04.1964	4200	5990	–	–	–	–
01.08.1965	4485	5690	–	–	–	–
30.03.1966	4635	6145	–	–	–	–
01.08.1966	4735	6145	–	–	–	–
09.01.1967	4485	6145	–	–	–	–
12.08.1967	4455	6320	–	–	–	–
01.01.1968	4485	6320	7770	–	–	–
11.08.1969	4525	6575	7900	–	12560	–
19.01.1970	4695	6610	8325	–	12560	–
03.08.1970	4695	6725	8325	9450	12560	–
16.12.1970	4945	7205	8925	9450	12560	–
17.01.1971	4945	7205	8925	9450	12560	–
23.08.1971	5045	7285	9045	9450	12560	–
17.01.1972	5290	7285	9045	9890	13450	–
21.08.1972	5390	7760	9670	9980	14000	–
19.02.1973	5650	7760	11200	10530	14700	–
11.03.1974	6045	–	11200	10530	14700	8555

Foto-Nachweis:
alle Fotos ohne Angabe eines Urhebers:
Volkswagen AG/Stiftung AutoMuseum Volkswagen

Literatur:

Boschen, Lothar:
Das große Buch der Volkswagen-Typen, Motorbuch-Verlag, Stuttgart 1986

Etzold, Hans-Rüdiger:
Der Käfer, Band 1, Motorbuch Verlag, Stuttgart 1983

Oswald, Werner:
Deutsche Autos 1945–1975, Motorbuch-Verlag, Stuttgart 1977

Wiersch, Bernd:
Die Käfer-Chronik, Delius Klasing Verlag, Bielefeld 2005

Statistische Unterlagen der Volkswagen AG